職場專門店

破除低薪魔咒

職場新鮮人必知的50個祕密

施耀祖——著

書泉出版社 印行

作者序

當畢業生摘下學士帽使勁地往上拋時，意味著同時拋離了師長們悉心教導、父母無微不至呵護的好日子。茶來伸手、飯來張口已成過眼雲煙，從此開始搖身一變成爲對將來懵懂未知的職場新鮮人。也許得用辛勤的工作換取微薄的酬勞來開啓人生的另一段旅程；說不定將步入的是滿布荊棘、處處險阻、擁擠激烈而競爭的窄路，稍一不慎，就可能被同路人的橫腳一拐跌得鼻青臉腫，或冷不防地一腳踏入坑洞而踉蹌。每一次的挫敗、失足和引發的痛楚，都可能換得一些寶貴的教訓；然而面對不同的情況卻再次的跌倒，一次次的飽嚐不同苦果，等有所領悟時，已是遍體鱗傷且鬢角泛白。許多人的大半輩子就這麼跌跌撞撞地走過，當日薄西山再回首來時路，自是不勝唏噓!!

人生前二十多年，學子依賴師長無私的傾囊相授，學習各種基礎知識和技能；爲了爭取排名先後，同儕間難免互有競爭，畢竟這是在固定遊戲規則下的君子之爭，落敗者或許顏面掛不住卻無傷大雅。學校畢業後進入職場的競爭，立刻轉變爲生存之爭，鳥獸可爲爭食而亡，人類焉能獨善於外，各種招式更是奸巧多變。可惜學校教育並沒有事先教導即將進入職場的新鮮人，認識職場的多樣生態，弄清楚隱藏在四處的各式險阻和應對之方，任由職場新鮮人屢屢跌倒翻滾在漫天灰塵中，灰頭土臉地自尋出路，企業相對的也付出錯中學習的龐大代價。

可事先預防的事，後來才補救和懊惱得付出代價。發生在別人身上的事如果未加防範也會發生在自己身上，何不把別人曾經犯過的錯，當作職場生涯的墊腳石；別人曾經成功的應對方式和態度，也可

依樣畫葫蘆，結果依然可期。本書循序漸進地列舉了職場新鮮人一定會面臨的五十個狀況和應對的祕訣，如果職場新鮮人能記在心田並置入囊中，即可得一臂之助，平順地跨入職場並防範變故。

施耀祖

二〇一八年六月

目錄

01 停止無厘頭地混日子

把一些東西攪和在一起稱之爲「混」，日常生活中總是摻雜著許多大小不同的事，有時諸事皆得心應手順利得難以置信，有時候又可能沮喪到似乎快活不下去了。忙得不可開交的時候實在巴望著有朝一日能無事一身輕地享受悠閒時光，整日無所事事時可又心無所繫悶得發慌，每天變化萬千過得可能都不太一樣。久未謀面的朋友見面寒喧劈頭問起近況，大部分的人經常不假思索地順口回一句：「混日子吧！」雖然有點無厘頭得讓人摸不著頭緒，但卻是實情。生活中層出不窮的狀況讓人一言難盡，何況夾雜著諸多的無奈，過一天是一天，用「混」來泛稱過日

子倒也貼切。

天知道日常生活中帶有些許自嘲的混日子說詞和精髓，竟全然移植到學子的就學生涯中，接受高等教育的大學生尤爲顯著。盡量吸取各種的知識，扎實建立能力的基礎，原本是大學生涯的重心，但大部分的大學生，卻充分運用毫無約束的自由學習環境，盡可能四處追尋樂子和感官的刺激，忙著交男女朋友和打工賺取零用錢。在雜瑣事務上所投注的心力和時間，顯然遠超過花在課業的比重，他們一點都不諱言到手的大學文憑根本就是混來的，學到多少本事，自己委實搞不清楚。

大學畢業之後，有一小部分繼續深造期望再拿個碩、博士文憑，好擺脫爲數衆多的大學雄兵在職場上的爭奪；其餘的已經不好意思再向父母伸手要錢，全數投向就業市場，圖求個人起碼的溫飽。這些準

備進入職場的新手毫無工作經驗，縱使曾經打過一些零工，對社會有些許體認，就企業來說這些零碎的認知實在微不足道，難以得到特別的注目，此時唯一能做的就是想法子美化個人的履歷表，並四處狂寄，在家裡靜候佳音。閒適甚而可能是放蕩不羈的日子，似乎將離你而去，即將面對的是未來不知所以的人生，職場生涯幾乎就是未來人生的主軸，如果處理得當，忙碌之餘尚且伴隨著多一些的歡樂和成就，也就不枉此生！

02 能找到一份工作就謝天謝地了

如果年輕人在熱衷追求潮流和關切八卦新聞之餘，尚能不經意的瀏覽一些時事新聞，可能依稀得知全球各國的政府無不在追求GDP（國內生產總值）的成長。已開發國家GDP的成長率均極為緩慢，成長百分比差不多都在一、二、三之間徘徊；非常接近已開發的開發中國家，成長百分比大部分介於四、五、六之間；成長百分比七以上達到八、九甚至超越十的國家，通常也被稱爲新興國家，這些國家爲數甚少，當政者卯盡全力衝刺獲致經濟的高速成長，希望早日邁向已開發之林。如果有機會到這些GDP高度成長百分比的國家看一看，很容易就能感受到他們社會所普遍呈現的蓬勃朝氣，每位國民對未來似乎都充滿無比的信心和熱切的期待，大夥兒忙著做事，熱切地期望賺得更多的財富。

相反的GDP的成長百分比在一、二、三之間徘徊的已開發國家，平均失業率幾乎都接近百分之十，意思是每十個有能力並想就業的人之中，就有一個找不到工作。這些國家的財政收支入不敷出，爲了減輕退休人口支領退休金的龐大財務負擔，將可以提領退休金的法定年齡，盡可能地往後延伸到六十五歲甚至六十七歲。年長者在職場待的時間越來越長，勢必壓縮到年輕人的工作機會，致使年輕人的失業率雪上加霜，因此年輕族群的失業比率飆高到百分之二十以上不足爲奇。

全球貿易緊密的關係，使單一國家GDP的成長率和全球的景氣

狀態密切地連動。當全球景氣趨緩時，GDP的成長率必然受到波及而下降，它的另外一個意思就是工作機會將隨之減少。天災頻繁加上人禍，使景氣循環的變動加劇，縱使是升斗小民似乎也都感受到近年來景氣變化特別的快，不景氣的時間拖得長、變動頻率也高。

在這樣的環境下，剛離開學校的象牙塔，急著投入就業市場的職場新鮮人，碰到景氣低迷的機率大大增加，意味著要找一份工作並不容易。方從學校畢業的年輕人毫無工作經驗，企業只能從學位的高低、就讀學校的排名和個人成績的優劣，篩選出想聘用的人。就學期間混得兇的人，毫無例外的立刻被知名度高、績效表現良好的中大型公司踢出聘僱名單之列。這些公司寧願多付一些薪水，優先聘請有工作經驗的人，因爲他們進入狀況的速度較快，比較能獨立處理事情，帶來的績效可以預期，剩下的才輪到職場新鮮人。大家都清楚市

場供需的道理，在人浮於事時，如果還在意薪水的多寡，未免太不實際，能符合人力市場的行情就不錯了。

第一輪未被篩選出的年輕人和爲數衆多有自知之明，連嘗試遞出履歷都覺心虛的求職者，蜂湧般地轉向數目龐大的中小企業。年紀輕、體力好、價錢低是這些人最大的本錢，正巧也是那些視成本如命的中小企業主最看中的標的。這些求職者大都條件相當，是否能雀屏中選，老實說運氣的成份占大部分。不論即將依附的企業未來發展如何，它畢竟是新鮮人的第一份固定工作，命運之神已經爲這些年輕的職場新鮮人可能的多彩未來，開啓了一扇機會之門，個人的未來，就看進入門內的人如何各顯神通了！

03 別讓喜悅沖昏頭而忘了做準備

多年前有一家知名的咖啡公司推出一系列溫馨的廣告，打動了無數消費者的心房。其中一則是公司的一位主管準備離開辦公室時，看到大辦公室的一角泛出燈光，發現還有一位同仁埋首處理公務，於是折返辦公室，再出現時手裡端著二杯熱騰騰的咖啡，邀請在寒夜中獨自加班的下屬一起共飲，溫情相視地談笑夾雜著縷縷上升的咖啡香氣，習慣了辦公室冷洌氛圍的上班族，看到這樣的場景眞是感動莫名。結尾時附上這句廣告詞：「好東西要與好朋友分享。」簡單的一句話勝過千言萬語，已成經典。

自己喜歡的東西樂於和他人分享，當人們有好消息的時候，更希望至親好友同沐喜悅。分享別人的歡樂似乎稍能沖淡一些人生過程中的不順遂，從賓客雲集的婚宴到生日、生子、升官、喬遷的共聚祝賀，可見其一斑。何況找到一份工作可能得歷經許多的失落和挫折，難怪求職者在獲知被錄用時，無不振臂狂呼，忙不迭地電告至親好友，彷彿昭告衆人從現在開始他已經可以獨立謀生了，著實可喜可賀。

歡樂很容易讓人忘記後頭還有很多的事等著你逐一地去面對。在一條充滿荊棘的路上，行路者每跨一步都極爲小心，因此很少出事；跌跤幾乎都在自認爲平順的路上發生。職場新鮮人初入一家企業，著實像行路者舉步踏入完全陌生一無所知的地方，如果能夠在進入企業之前做一些準備，盡可能瞭解一些企業的概況，至少在踏出第一步時心裡會踏實些。

網路的進步，讓一般人想要瞭解企業的大致狀況變得容易。大部分的企業都建置了公開的網頁，從企業創建的沿革，約略可以知道這是一家成立不久尚未穩定的公司，或是一家老字號有口碑的企業，它可能左右你對公司管理制度的期望水準。網頁中通常不會漏掉自家產品和服務內容的介紹，從這些訊息中清楚知道自己進入了何種產業、在產業中的位置；不論是傳統或高科技、熱門或冷門、上游或中下游，未來在做事時應對的方式和態度會有差異。有些企業還會把多年來的經營成果和演變逐一地展示，用意在彰顯良好的經營績效希望引人注目，如果企業忽略了這部分的資訊，難免啓人疑竇。企業文化的描述可以讓職場新鮮人從字裡行間知道企業主在做事態度、紀律維護和經營管理層面，在意的是哪些項目，秉持的又是哪些原則；如果職場新鮮人未來在做事時能符合這些期望，不僅可以避免出差錯的機會，還可能受到賞識而被拔擢。企業人數的多寡、資本額的大小和分支機構的分布狀態，可以用來判斷這是一家大公司或者是中、小企業，順便估量未來晉升的難度和潛在機會所在。企業通常不會忘了描述員工福利的狀態，符合勞動基準法是法令要求的基本條件，其他的額外福利措施，老實說純爲參考，切勿抱著過多的期望，否則難免失望，因爲大部分的企業總難擺脫生意人的本質，說的比做的多。

這些從網路上得到的資訊說不上充分，但是對職場新鮮人來說，有一點基本的認識比起懵懂茫然來得好多了，未來在職場面對同事的激烈競爭，結果的差異可是經常取決於看起來並不怎麼樣的多一點點呢！

04 規矩著裝，建立第一個好印象

大家都不否認年輕人是比較有創意。對那些正在就學中的年輕人來說，基礎知識尚未完備，加上短暫的人生閱歷還不足以建立起鍥而不捨的態度，此時想要在學習過程所碰觸的事或物中，發揮一些兼具實用的創意，實在不是一件容易的事。但是那股與生俱來企圖掙脫傳統束縛四處找出路的強大勁道，促使他們亟欲衝出世俗的桎梏，動念在奇裝異服上遂成爲最簡捷的出口。不需要花費太多功夫，馬上就可以讓自己保證與衆不同，染上五顏六色奇異造型的頭髮，搭配迥異於傳統規矩的服裝，或左右不一長至拖地，或露臍、露股、露出內褲

頭，加上五彩繽紛的飾物和紋飾塗粧，旁人想不多看一眼都很難，爲人父母者可是飽受驚嚇但難以有效約束，眞是傷透了腦筋。

標榜開放的大學校風，如今不再以明文來禁止大學生的這類行爲，中規中矩的校服早已成爲歷史名詞，學生在彼此競相爭奇鬥艷見怪不怪的氛圍下，樂的隨興穿著，一切以舒適爲尚。雜亂的頭髮和一臉的鬍渣遮掩了清秀的臉龐，皺到不行的衣服散掛在身上依然自得，帶著許多鬚邊看似殘破的衣褲，腳蹬體積碩大繫繩鬆散的運動鞋，還是一種時尚呢！經過幾年的閒散，大學生們不自覺地認爲這是個人的特有風格，兼具名仕的風味。

有人把大學比喻爲象牙塔，意思是大學獨立於社會遠離世俗塵囂，不過大學生千萬別忘了，學校畢業即表示它已離你遠去，轉眼間即墮入塵世，往後的大半輩子將在其中翻滾直到退休爲止。你必須懂

得並遵守塵世中的諸多規矩才混得下去，也或許得以混出一些名堂。象牙塔內那些外人羨慕的自由和閒散，這一輩子再也無福消受了。

放眼看看各大企業中近乎一致的服裝和乾淨的儀容，剛就業的職場新鮮人多少會感嘆，那些成堆精彩的服裝和飾品，可能只有在假日休閒時方可重見天日。你可千萬別白目到頂著染髮、身著花俏的休閒服不修邊幅的就去報到，這完全不符合任何一家企業的風格，倒是你在企業衆主管的心目中建立的第一個印象，讓人深刻到很難被磨滅，而且絕對關係到個人未來的發展。因爲這樣的服裝強烈地暗示自己是一個生性閒散的人，它和企業所需要的勤奮與規矩背道而馳，誰會對這種人寄予厚望？如果一開始即被不當地歸類，往後或許得賠上加倍甚而更多倍的努力才能扭轉過來，何苦來哉！

05 新進人員訓練，別打混！學著熟悉規矩

幼兒園可說是絕大部分的成年人，這輩子第一個加入的社群團體。小朋友初入園的前幾天，應該是幼兒園老師在整個學期中最忙碌的時候。他們得花很多的精力和時間，教導這群父母眼中的天之驕子，如何與其他的小朋友和睦相處的一些規矩。要教會這一群完全沒有社群共同生活經驗的小娃兒，其實不是一件容易的事，得持續好長一段時間他們才搞得懂、做得到。延續相同的邏輯，進入小學、中學、大學也都得經過類似的過程，這就是大家所熟悉的新生訓練，目的都是希望新生們能事先瞭解既定的規矩，以免因未知而鑄下錯

誤。雖是不同的學習層級，新生訓練的內容大同小異，大部分的學生也就行禮如儀虛應規矩地混過那一兩天，偶有在意的學生，可能還被視為異類。

類似的心態，經常在不經意中被複製而不自知。企業在準備接納新員工時，也有相似的機制，稱之為新進人員訓練，職場新鮮人如依然故我以老招來應對，可就不是一件聰明的事了。企業和學校的環境天差地遠，應該關注和在意的事，以及對成員言行的要求完全不同。在學時的經驗在企業中大部分派不上用場，職場新鮮人勢必得花點心思，短時間內即建立起新的認識，新進人員訓練正是建立新認知的好機會。

企業在組織架構中通常都設有管理部門。聽到「管理」這兩個字，多少讓人敬畏三分，很容易聯想到學校的訓導單位，少有學生會

主動去招惹。企業是社會結構中數量最多的團體，既是團體，不論大小都需要一些規矩來維繫其團結，以免鬆散而失形。訂定共同遵守的規則正是管理部門最主要的工作，也同時被賦予讓規矩實踐的重責大任。新進人員訓練的重頭戲之一，是必須清楚地告訴新進人員企業所要求的紀律，因此承辦新進人員訓練的工作自然落在管理單位。負責訓練的講師不見得比較資深，但是對企業的管理規則比一般同仁清楚，因爲他們得經常處理類似的事情，熟自能生巧，職場新鮮人將來在企業中有弄不清楚規定的時候，都可請教於他們；管理單位的人員又因被賦予規矩實踐的責任，手中免不了握有對逾越規矩的員工提出懲戒的權力，雖然員工的懲處尚需經過一定的程序，最後拍板的也另有其人，不過光是提起懲處之議已非同小可，何況任何議處皆存在著可大可小的彈性空間隨人運用。因此和他們建立起一些情誼，可能是

新鮮人在企業中逐步建立人際關係的開始。

　　在新進人員訓練中，新進人員基本上應該記住以下和自己的利害有密切關係的事：確定上、下班和休息的時間、放假和休假的日子、發薪水入帳的時間，也要弄清楚薪資的結構、計算的方式和可能扣薪的規定，這些都是衆人很關切的事；不過也別忘了：請假的規定和申請程序、目前有哪些獎金、在什麼時候會發放和各種津貼申請的時機和程序；一併瞭解如何申請出差、請領費用的規則和出差的要求。這些訊息看來有些繁瑣，但攸關收入的增減，豈能以在學時的無所謂心態待之。新鮮人在進入職場後最快體會到的第一件事，就是父母親常掛在嘴邊的「錢難賺」，誠如其言，則錙銖均得計較。

　　如果你不想犯無心之錯留下汙點又搞得自己氣憤塡膺，那麼公司的規定還是得牢記在心吧！譬如：制服、證件和言行的要求，遲

到、早退、曠職的規範，抽菸、零食、性騷擾的禁止，工作場合得注意的事項等等。這些成文的規定，大部分的企業會印製成類似工作或作業守則的小冊子發給員工，也全都蒐集在員工手冊裡，聽人說一遍或約略看一眼大概就記住了。不過可別在聽到或看到的當時，質疑它的適當性而多加議論，因爲到目前爲止你不具有一丁點的發言權。生活在施行民主制度的國家，大家所熟知發言無禁忌的那一套，在企業裡面並不是很適用，絕大部分的狀況是老闆說了算，此時如有人發出異議之鳴，稍不留神則被貼上標籤很難去除，仿如爲自己的前途親手建立起障礙，誠非明智之舉。

成文的規定看一眼即明白，只要遵守則不成問題，比較麻煩的是那些不成文的規定，如果沒有搞清楚，很容易誤觸禁忌引主管之側目，譬如：上、下班的時間雖有明文規定，但實際上卻完全不是那回

事，你可能得早一點來、晚一點回去，因爲準備工作和檢討會議都排在工作時間之外，或是等老闆離開了才能下班，以免老闆在下班後找不到人而火冒三丈；逢隔日的國定假期老闆可不希望你再請假而變爲連續假期；颱風天如果遵照政府的指示放颱風假，可能招來白眼；加班不能申請加班費只能補休、出差時得利用假日早一天出門……等等，這些不成文的規定，可能沒有任何一樣符合政府的法規，不過無數的企業都這麼做。當主管尙且無能爲力時，員工只能逆來順受，何況是新進人員？這些不成文的規定，有賴新鮮人從同事言談中或旁敲側擊的詢問而得之，並入境隨俗的照做。

如果你有鴻鵠之志，下面這些事値得你的關心。瞭解老闆是何許人也，如何創建這家公司，賴以營運的主要因素是什麼，他的行事風格爲何，並記住他的名字。因爲他創建公司的過程和做生意與管理的行事方式，會形塑成企業的文化，如果你抓得住企業文化的精髓，並盡可能的依揭示的原則效而行之，自然容易被認爲是同路人而受到青睞，機會自在其中。想法子瞭解企業近幾年業績和獲利是成長還是衰退，太複雜或詳細的營運管理數據你可能得不到也搞不清楚其中的奧祕，但是在跨入企業大門的時候，好歹得知道自己是不幸的深陷險境，還是身處起伏不平穩之處，或幸運的在欣欣向榮之地。不同的處境，面對的心態和對應的方法可都不相同。

最後別忘了要一張企業的組織圖，瞭解自己在人海中的位置，認清自己渺小的程度，並嘗試在所有員工的聯絡電話表中，勾選出和你可能有業務往來同事的姓名、單位和電話。這些同事在初期可能給你很多的幫助，用心地記住他們的容貌準沒錯。

06 搞清楚要做什麼事

「我已經準備好了」這樣的台詞，只有政治人物在競逐權位時會這麼誇口，一般人可不敢說。學校開的課程和企業的實際需求有落差的現象由來已久，何況混過來的日子，讓所學所知再打了一大折扣，因此不論是何校何種科系畢業，再怎麼優秀，可能鮮少有畢業生敢誇口說自己已經準備好可以就業了。有些企業會爲職場新鮮人開設一些職前訓練的課程，銜接學校教學和企業需求間的差距，先教會再讓你去做事。這些課程通常合併在新進人員訓練的課程中，由資深員工或曾經做過類似工作的小主管擔綱，爲期數天、數週甚至更長一些。

如果你進入的企業有這樣的安排，那眞是謝天謝地感謝祖上積德，它應該是一家有制度夠規模的公司，才會讓你免費接受訓練時還可以支領薪水，請好好利用這個機會，搞清楚自己要做哪些事、扮演什麼角色、學會怎麼做這些事。得知這些訊息的竅門，全靠鼻子下面的那張嘴，利用機會多問問題，並勤快地做筆記，要不然這些全然不熟悉的訊息，從左耳進入馬上從右耳溜了出去，等要用的時候幾乎已不復記憶，此時再問同事很可能遭來白眼或被揶揄一頓。那些能記下做任何一件事所相關的人、事、時、地、物的新鮮人，稱得上是優秀的新人。

一家企業如果業務狀況還可以，大都會申請ISO（國際標準組織）的認證。這些企業很喜歡把通過認證的標幟掛在公司入口最明顯之處，來訪者一眼便知這家企業的管理制度符合一定的標準。通過認

證的企業因爲ISO的要求，會將各項職位的工作內容明確地記載在職務說明書或工作說明書中；主要的作業程序，也就是做某一件事情的前後步驟，同樣也登載在SOP（標準作業程序）的文書中。職場新鮮人如果拿到這些資料，從所屬職位的工作說明書和相關的標準作業程序的文件中，再結合新進人員訓練課程，可以更精準地確認自己未來要做的事有哪些。雖然很多的企業並未隨時更新這些資訊，不過仍具相當的參考價值。

如果進入企業和直接主管短暫寒暄後，馬上要你去做事，這種硬著頭皮上陣所做的一定不是什麼了不起的事，你得有心理準備，他們看重的是年輕人的身強力壯和便宜的價格，看來四處打雜就是你在企業的起手式。制度對這些企業來說是很遙遠的事，濃厚的人治色彩應該是它最大的特色。這些規模不大、載浮載沉的企業非常多，好好努力地做是新鮮人被賦與的唯一要求，你只能在做中學，學到多少全看各人的造化。這些企業經常成爲大企業免費訓練人才的機構，著實有些詭異。

07 問明白，要怎麼樣老闆才會滿意

爲自己買件漂亮的衣服，相信所有人都曾這麼做過。除非是富豪之家的子女沒把錢看在眼裡，或是受父母極度寵溺到有求必應的孩子，否則名牌高貴的衣服離一般人實在很遠。絕大部分的年輕學子，靠伸手牌零用金度日，捉襟見肘的日子居多，想添購一些行頭，夜市和號稱批發的市集，衣服的式樣繁多售價超低廉，因此廣受青睞，花少少的錢就能打扮得光鮮亮麗。

這些樣式新潮的衣服，可能下水幾次就變了形，邊縫處出現毛邊，也可能穿沒多久衣扣不知何時掉了一顆，拉鏈的齒扣有一兩顆歪

斜，不再完全密合，或縫線斷裂而開口，似乎都不是什麼大毛病卻多少有點惱人，因爲購價便宜，一般人也不會計較。隨著流行的快速消褪，這些有點瑕疵的衣服穿的次數變少，自然隱身在衣堆中再也不見天日。

那些貴得嚇人的名牌衣服，車縫線強韌到想徒手用力扯斷都不容易，十幾年後衣服穿舊了，形式依然，扣子仍牢牢地固定在原位。售價高低懸殊，衣服的品質水準也天差地遠。看來相同的東西，品質會因爲主事者要求的標準而不同，剛從學校畢業的職場新鮮人不容易弄懂其中的差異，因爲求學過程中只要通過及格的門檻則一切太平，眞正主動追求好成績的學生實不多見，其中不乏回應父母親的殷切期望而爲。

在企業裡頭做任何一件事，把事情做完則有如在學成績剛好通過

及格的門檻罷了，對隨時處在競爭狀態中的企業，如果員工做的事情達不到既好又快的程度，這家企業不是苟延殘喘就是即將被列入出局名單，前景堪憂。企業對處理事情的好、壞、快、慢所認定的標準，取決於管理者經驗累積型塑而成的認知並夾雜主觀的偏好，它不像學校有統一的及格分數那麼容易分辨，新鮮人如果弄不清楚，很可能與沖沖地做完一件事情，卻遭來主管莫名的責難，內心的挫折可想而知。

企業除了重大目標非常明顯外，其他諸多做事情的要求標準，以文字清楚說明的並不多，況且新鮮人眼前承辦的事一般來說都是小事，它的要求標準幾乎完全取決於直屬主管的主觀認知與工作習慣，惟有藉發問而得知。因此新鮮人被交代做任何事的時候，問清楚變得非常重要，搞清楚主管期望的品質和完事的速度，才可能想法子滿足，此二者正是老闆們念茲在茲掛在嘴邊的績效，趕快捨去自以爲是和揣測的心態，你如能亦步亦趨的符合期望的標準，未來的日子會過得比較舒坦。

08 認清楚最低位階的事實，學會適應

萬丈高樓平地起，職場新鮮人目前在職場所扮演的角色，毫無疑問是企業築起高樓使用最多的石子或磚塊之一，不會有人比你還要基層，任何時刻只能仰望，甚至連想平視都不容易，此時此刻如果還保有在校時被捧為天之驕子的心態，未來的日子恐怕很難順遂。

企業非常習慣以各種不同的部門組合成賴以運作的組織架構，從企業的組織圖中，你可以清楚地看到它所擁有的全部部門，由部門名稱大概猜得出來這個部門做的是什麼事。有些部門的人數比較多，旗下還有很多小單位，很像樹幹的分枝，如果分枝越多，組織看起來就

越複雜。每一個單位各有專屬的工作要做，員工依專長安置其中。爲讓部門或單位的運作順暢，少數人被拔擢爲組長，分別管理一小撮人，如此的管理模式有點像牧場裡的羊群，走在最前頭的稱爲領頭羊，牠走到哪兒跟隨的羊群則到哪兒，牧羊人只要搞定領頭羊，其他的羊群也就定位，因此可以省下許多的功夫。

在企業裡這些部門或單位的組長，統稱爲主管，簡單的說就是可以管你的人。不論他的頭銜大小，只要能直接管到你，你就不能掉以輕心。你得做哪些事或不讓你做哪些事，由他決定；你表現的好壞，他的評價占很大的比重；甚至他可以想法子趕你走，相反的也能大力地拔擢。乍聽之下有點不寒而慄，卻是千眞萬確。針對離職人員做的所有調查均顯示，難以和主管相處爲離職原因之首，它另外的含意是碰到一位好主管可是難如登天。

有人倡議部屬可以向上管理來扭轉情勢，卻輕忽了下面的事實：一般人要自發性地微調個人定型的行事風格已非易事，何況企圖影響的對象是握有生殺大權的主管，氣勢上已難匹敵，稍一不慎即可能遭重手還擊。別說職場新鮮人沒這種功力，縱使沙場老將一樣畏懼。既然換另一個工作碰到難以相處主管的機率很高，向上管理又陳義過高，反過來調整自己去適應主管的風格成為求職者唯一的選擇。明其理而練就能屈能伸的柔軟身段且功成名就者不乏其人，當然也有很多人拂袖而去，發願當老闆好壞自己擔。

09
準備接受試練

舉辦班際之間的競賽活動在學校裡不曾間斷，一方面是幫學子們找點事做抒發充沛的精力，免得無聊到滋生事端，並可藉由在規範下的彼此競爭，自娛娛人；另一方面這些大家一起參與的比賽活動，似乎也頗能達到凝聚人心的效果。爲了贏得勝利，大夥兒的榮譽心不自覺地被激發出來，它激發的動力給學習帶來極爲正面的效果。這些在就學過程中得到的經驗，很自然地被延用到未來的生活中。

任何人被分配隸屬於某一個團體，不論團體的大小和評價如何，只要身爲其中的一分子，似乎就會毫不遲疑地爲這個團體的榮譽和權益挺身而出，站在對立面的另一個團體的每個人也都有類似的義勇行爲。當個人和團體間產生緊密連結關係時，排斥非團隊成員的行爲毫無疑問的成爲直覺的反應。

事有其利則免不了會有其弊。一個已經凝聚成型的團體，新加入者通常都得歷經一番寒徹骨的考驗，在一段時間後才被接納，其困難度隨著團體的凝聚和封閉程度而增。初入軍校的新生遭受學長毫無道理凌虐的傳統，中外皆然由來已久。

外來新娘受當地人歧視的場景，不時的發生在你我周遭，縱使是土生土長的在地人到了另一處不熟悉的地方，都還可能遭受到不友善的對待呢！當職場新鮮人被分配至企業中的任何一個單位時，常被視爲是突然闖進別人生活領域的陌生人，從同事的臉上看不出他們是否歡迎新加入者，但隨後的態度你可以充分的體會到冷暖。學習如何和同事和平快樂的相處，是新鮮人進入社會熔爐的第一個試練。

10 保持低調，降低威脅

領域的概念不論在任何地方都存在。春夏的清晨起個大早信步到林中走走，迎面而來的是透心涼的清新空氣，頓然神清氣爽。耳邊圍繞的盡是此起彼落清亮的鳥叫聲，未加修飾的音韻夾雜著細微的蟲鳴和吹過樹梢的風聲，譜成大自然的樂章，比作曲家刻意編寫的樂曲更容易滌清人心，吸引無數住在都會區的人們趁著假日特意到林中漫步，一洗塵世中的喧囂。

如果仰頭上望，從樹隙中，隱約可以捕捉到正昂首挺身奮力鳴叫鳥兒的身影，各據不同的枝頭，鳴聲似乎傳遞著某種訊息，牠們確實

正用叫聲清楚宣示自己的領域和主權，叫聲越響亮意味著領域掌控的範圍也越大。偶爾會看到誤闖領域的公鳥旋即被飛啄倉皇離去，卻也同時吸引了聞聲而來的母鳥共築愛巢，接不接納兩樣情。

荒山野地總免不了有成群結隊的野狗據地爲王，讓遊客心生畏懼。落單的狗兒進入野狗盤據的區域，夾著尾巴快速地通過是自保的好方法，如果期望狗群的接納，還得低頭縮頸垂目夾尾的看其他狗兒的臉色才能過日子。動物們懂得在闖入同類領域的時候盡可能的保持低調，縱使文明如人類，同樣的沒有人願意別人在進入自家門內時卻趾高氣昂。保持低調成爲任何人闖入陌生領域的自處之道，也是一種禮貌，新鮮人務必得弄懂其中的道理。

初入職場懂的事實在很少，非常需要同事的大力協助，如果嘴巴夠甜，大哥大姐不離嘴邊，「請問」、「對不起」和「謝謝」永遠是語句的開場白和結語，疊聲「是的、是的」三句不離口，臉上又不時堆滿笑容，相信沒有任何一位同事會感受到你的威脅，如進而轉化成平素待人處事的習慣行爲，必然四處得助受用一輩子！

11 跟著師父學做事，不要怕挨罵

受過新進人員的訓練，仔細地看過職務說明書和標準作業程序描述的工作步驟，加上主管的口頭說明，如果你還問清楚了主管對工作的要求標準，又記下工作的禁忌事項，相信新鮮人對自己未來要做的工作內容已經有了清晰的輪廓。然而知道並不表示做得到，還好新鮮人在企業裡可以做的工作，不會是什麼新鮮事，企業裡一定有人對你即將要做的事十分熟悉，他很可能就是將這些工作移交給你的人，他是你進入職場的第一位師父。

如果此人生性慈悲，懂很多事又願意教人，那眞是謝天謝地謝祖宗保佑，你在企業的起步得以平平順順；很可能他的職務即將調升，心情大好樂於傳授工作祕訣；卻也可能在數日後離職他就，心思早已遠揚；甚至已經離職，此時你可能面臨單槍匹馬倉促上陣的壓力，那運氣就有點差了！運作稍上軌道的企業，這類的情形比較少見，基本上會設定一段工作移交的時間，可能是短短的數日，也或許長達一個月，以便工作能平順完整地移交給繼任者，不致開天窗而影響企業的正常運作。

工作移交期間，你的角色很像是師父的跟班，他做什麼事你就得在旁邊跟著學跟著做並接受使喚，只要有一丁點的不清楚就得厚臉皮地問明白爲止，不怕被師父罵笨嫌拙。而且所有的事情一定要親自做過一趟才算數，因爲聽和懂之間存在一道鴻溝，只有動手做才有辦法跨過。跟著師父學難免影響到他工作速度和績效而惹人厭煩，通常略施小惠可以降低他的不快，把破費當作是拜師學藝的束脩，彼此都會覺得心安理得。你即將發現，在社會上做任何一件事都得付出代價，相對的也有收穫，他可完全不像父母對子女照顧般的全然無私，在未來漫長的人生旅途中你也不可能再碰到。

12 能獨立作業，才算移交完成

從別人的手上接下遞過來的東西，這樣的行為再平常不過了，隨時都可能發生。如果這個人在給予的時候漫不經心，接的人也沒留神，遞過來的東西可能瞬間掉在地上；倘若是個硬東西又耐摔，撿起來就是，材質脆弱的必然砸得粉碎，東西就這麼報銷了。看到博物館的工作人員戴著白色手套，雙手小心翼翼的以極為緩慢的速度，將物品交付到另一雙同樣戴著白色手套的手上，就知道這樣東西價值不斐，絕對不能出一丁點的差錯。也因為雙方都非常小心，加上旁邊還站著一群人仔細地盯著

整個過程，所以幾乎不可能出差錯。顯然小心謹愼可以防止意外的發生。

企業裡工作的交接，大部分的時候是以馬馬虎虎的心態應付了事，事後的紛爭和誤會也就難免。如果物品的移交沒有列出清單，一樣一樣的當面點交數量、確認它的功能正常，加上彼此的簽字認可，事後發生問題時就很難說得清楚。所幸物品看得見摸得著，要做到確實的移交並不難。

比較麻煩的是工作內容的移交，因爲會不會做某件事情是滿抽象的概念，很容易在形式上含糊以對卻在眞正做的時候露餡。如果將接替者是否已具備獨立完成這件工作的能力，視爲正確移交的判定標準，則比較具象並可藉由親身做一次來確定符合與否；認定者可以是移交者和移交接受者，如加入直屬主管的認可，確認度更加可信。這

些被認可的工作項目和獨立作業的能力，如依物品移交的模式列出清單並逐項經二方或三方的簽字認可，和自己的學習心得記錄一併妥善地保留成檔案，相信職場新鮮人在接替工作之後，吃悶虧的機會可以大幅下降，連帶的也可降低新鮮人初入職場少不了的莫名壓力和挫折感，快速地度過不怎麼舒服的適應期。

你進入的企業如果在工作移交的制度上並沒有類似的設計，新鮮人也不必氣餒，大可以自發性地依樣畫葫蘆的照做，展現出踏實的人格特質。記得凡事稍加小心謹慎以對，跌跤的機會就會少一些。

13 事情本身不難，難的是和同事融洽相處

網際網路近年來的迅速發展和搭配措施的完備，催生出另類的宅男、宅女的生活型態，形塑出前所未見方興未艾的宅經濟。被冠上這些封號的男、女，獨自一人待在斗室，靠一臺電腦可以足不出戶，不用和任何人照面打交道，就能搞定衣、食、住、行、育樂所有的事情。當職場新鮮人乍聽到「處理事情的能力認定標準是得具備獨立作業能力」的說法時，或許會直覺地認爲他未來所處理的事情，好比他熟知的宅男宅女的行爲，只需要單獨一人即能成事，那誤會就大了。現實狀況是企業中幾乎不存在完全不牽涉到他人即可搞定的

事；涉及他人的程度深淺和範圍大小，決定了事情的難易程度。愈複雜的事涉及的人愈多，愈簡單的則愈少，換句話說，一件事情牽涉的人愈多，縱使是一件再簡單不過的事情也變得困難起來。回想一下，單身出遊，常在心念一動之後提著背包即可出門，如果是闔府旅遊，搞定全家人的意見首先已大費周章，繁多的事前準備常讓人有自找麻煩的感覺。平平是相同的旅遊行程，人數增多差別就出來了。

企業中的事情本質上極難做的並不多，除了極爲專業的研發工作耗人心力外，剩餘的就是高階管理階層不易定奪的決策事務，一般員工沾不到這些事情的邊，更別說是新鮮人了。然而占就業人口大宗的一般員工，普遍的心聲卻都認爲要在職場中愉快的混日子並不容易，不順遂的事比比皆是。沙場老將都承認，事情的本身稍假以時日即可上手一點都不難，倒是周遭同事的橫加阻撓和直接主管的對待方

式，常讓人氣憤填膺一口鳥氣難以下嚥。

一般人所做的事通常只是整件事情處理程序中的一部分，上有交付者下有承接者，如果交付者交給你的東西不夠完整或時間不對，你則不能順利地執行你該做的部分，麻煩從這裡開始。不是做不下去、問題叢生、就是不能如期完成，責難隨之而至；承接者如果意見很多，以各種理由退回你交給他的東西，則讓你疲於奔命，馬上懷疑他對你是否心懷敵意存心整你；或許還不時得啞巴吃黃蓮的概括承受其他的人錯誤與疏失。

這些困擾難道無解嗎？答案倒是非常明確：有。只要摸清楚和你有業務往來同事的特性，想法子和他們建立起相當的同事情誼，問題全都迎刃而解，必要的時候類似哥兒們的同事，還會幫你掩飾錯誤或疏忽，真讓人窩心。

14 學會面帶微笑，獲得幫助減少責難

絕大部分的年輕人對政治事務極爲冷感，認爲政治是齷齪的東西，事實也確是如此。看到政治人物顚三倒四的言行，表面上還裝出道貌岸然的樣子，義正嚴詞夸夸而談，眞讓人倒盡胃口。有些家庭不讓小孩看電視新聞的播出，除了怕打打殺殺的社會事件影響到成長中孩童的暴力傾向之外，還有一部分是不期望孩童學政治人物的顚倒黑白是非不分。雖然如此，諸多政治人物之中還是有一些人的言行値得後生晚輩細細玩味，或以之爲學習的標竿或做爲年輕人社會化時的參考。

貴為副總統的蕭萬長先生，人稱微笑老蕭，他臉上永遠掛著一抹微笑，成為個人最獨特的標幟，有一面之緣的人很難忘記他燦爛的笑容。最出名的事件是時任國貿局長的他，在宣布部分農產品項開放時，被權益受損所惹惱的農民蛋洗。滿身的蛋汁和碎殼，未能減損他臉上的笑容，只是在勇於承擔中多了些無奈。這樣的畫面經電視強力放送，微笑老蕭之名不脛而走深入人心。民眾其實都體諒他有不得不決定開放的苦衷，也認為他已盡了全力在國際間折衝，因為他能面帶微笑地接受農民的羞辱，反而得到掌聲，或許也因此而仕途平順。

動物的相貌，如因為嘴角略為上揚或眼角彎彎搭配獨特的色彩而酷似帶有笑意，總是受到人們特別的喜愛；忙得昏天暗地分不清東西南北的年輕父母，只要看到嬰兒破涕為笑，所有的辛勞立即一掃而空；迎面而來的帥哥或美女，非預期的給一個微笑，你可能心花怒放不可終日。不過是眼角和嘴角微微上揚的笑容，竟然有如此大的力量，眞是不可思議。人類是萬類生物中，唯一能展現笑容的物種，面帶笑容一點都不困難，當嘴角稍稍上彎，心情隨之開朗，周遭的人似乎也立即感受到你的愉悅並受到感染。

新鮮人進入職場的初期什麼事情都不會，縱使會做一些事也不會太好，這個時候很需要同事的幫忙、主管的指點和他們共同的諒解與寬容，如果你的臉上能始終掛著一抹微笑，畢竟沒有人會伸手打笑臉人，責難的程度可以減少很多。因爲笑容具有讓他人心情愉悅的魔力，同事願意幫忙的機率則會增多，新鮮人尷尬的適應期因此可以過得快一些。當新鮮人還不具備充足的能力條件，和在團體中尙未擁有一定的權勢與地位時，收起年輕人喜歡耍酷的冷漠表情，是比較聰明的做法。

如果你是一個不擅常微笑的酷青年，在你的辦公室或辦公場所擺一面小鏡子，不時對著鏡中的自己傻笑，看一付擺著臭臉的你和略帶微笑的面龐之間，哪幅景象讓人喜歡，就知道該如何選擇。藉由不斷的練習讓微笑成爲生活中的習慣，讓它成爲你在職場邁向飛黃騰達的利器，它遠比其他的努力來得容易，而且一生受用。

15 嘴巴甜，可以拉近同事的距離

現代人的生活越來越忙碌，已然成爲無可逆轉的趨勢，過往農暇悠閒的景象反倒成爲一心嚮往的境地，但過去了就是過去了，再也喚不回，只能在古詩詞裡，從恬淡的文字中冥想古人無所事事的快意。整日辛勤工作的現代人，如今一心期盼的是假日的來臨，到處找樂子紓解累積到快要爆炸的壓力。群聚KTV一整夜歡唱，邀朋友到郊外走走，或看場正風行的4D電影，再到人潮不斷的商場逛逛血拼一番，更常見的是到餐館大吃大喝，既可滿足口腹之慾，也同時吃掉工作的不愉快，排除所有壓力，隔日又是一尾活龍再上職場廝殺。

吃東西可以排除壓力，從滿街的人大腹便便步履維艱，則知大夥兒屢屢親身體驗知其功效非凡。尤其在品嚐甜食後，心情頓時輕鬆，賣甜食的商人稱這種感覺爲幸福，因此辦公桌的抽屜中總藏有大量的甜食，抽空取用感覺幸福隨時陪伴左右，健康和苗條自然也逐漸離你而去。

甜的食物可以產生幸福感，具有相同特質的嘴巴甜，同樣能讓聽者飄飄欲仙樂陶陶。有些小朋友見到長輩，左一句阿姨好漂亮，右一句叔叔好帥，他們永遠不乏長輩致贈的禮物，受到親親抱抱溫暖的關切。有些人不喜歡吃甜的食物，卻從未聽聞有人不喜歡帶有甜意的話，一句稱許能讓人打從心底高興好一陣子，忘了是非對錯。如果新鮮人深得個中三昧，做起事情來則容易多了。

新鮮人因爲年紀輕，在企業中的輩分通常在最低層，逢人喊大哥、大姐、叔叔、阿姨不會有錯。當人被冠以較高輩分的稱呼時，頓覺高你一等，不自覺的顯露出照顧後生晚輩的特性，很容易獲得他們別無所求的奧援。這樣的行爲甚是奇妙，倘若能再附加一些美言，還可能得到某些特別的指點和方便，至少不會因爲你是初來乍到的新人而故意刁難。

在企業裡回應「是的」代表的意義是服從指令，人天生好爲長者並樂於他人臣服膝下，當有人對其言論連聲稱「是」時，在企業中經常被貶抑到不行的尊重重新拾回，好感油然而生，雖然現實中的關係不過是一般的同事毫無上下隸屬之實，嘴巴甜絲毫無損於你的位階，卻一下子就能拉進人與人之間的距離。

懂得並能自然地運用對人的尊稱和帶有肯定與接受的回應語句，可視爲準備社會化跨出的一小步，初次體會並認識社會上普遍存在的虛偽是怎麼回事，所幸它無傷大雅。勇氣可以使不可能化爲可能，如何讓自己開第一次口，就看你鼓起的勇氣有多大了。

16 任何請求或吩咐都說好就錯不了

誰喜歡被人拒絕，答案應該是沒有這種人。

情竇初開的青少年一心想交男、女朋友，猶豫再三鼓足勇氣向心儀的對象提出邀約，如對方逕予拒絕，當下恨不得找個地洞鑽下去立刻逃離現場，這是大家都有的經驗；阮囊羞澀的時候找好朋友借點小錢暫時週轉，若被拒絕，你可能會好一陣子都惱怒於他的不夠義氣；忙碌不堪的父母呼喊子女幫忙做家事，子女若以課業繁忙的理由來搪塞，爲人父母者徒呼負負，嘀咕養子無用。不論拒絕的一方理由多充分，提出請求卻慘遭拒絕的一方鐵定覺得不痛快，人際關係也多少受到一些傷害，某天當你有類似的請求時，很可能得到相同的回報。

新鮮人初到企業，歷經新進人員訓練和相關的工作說明後，固定得做哪些事應已心中有譜，然而這些事的分量實際上可能不及全部事情的一半，事前沒有講清楚和臨時突發性紛至沓來的工作是另外的一半，可能完全打亂你原先預定的工作步驟和計畫，弄得焦頭爛額。

同事間彼此互相幫忙和相互配合的事情每天都會發生，大夥使喚新來乍到的你幫忙做些事被認為理所當然，許多雜事就這麼落在身上，你的直接主管視你為多增的人手，更是順理成章地要你做東做西。不論同事或直接主管找你幫忙做事的口氣是客氣的請問你能幫個忙嗎？或有使喚的味道，也不論這些事是否急切，一位聰明的新鮮人，此時的回答只有「好」這個字。如果做到立刻放下手邊的工作，搞定它而且滿足他們的期望，不稍多時新鮮人即可獲得同事們的好評，直接主管當然也看在眼裡。新鮮人工作態度上的第一個好印象在任人差遣中於焉建立。

如果你沿襲在學時的任性，面帶難色而猶豫或逕予拒絕，顯然並不知道此舉正爲自己的職場生涯豎起首道的障礙，那就有點傻了。

17 老闆交代的事，優先處理是鐵律

搭飛機對現代人來說是稀鬆平常的事，因此全世界的機場都很忙碌，身兼轉運樞紐的大機場，在尖峰時刻更是萬頭鑽動。照理說相關作業幾乎已全部電腦化，應該可以快速的紓解人潮，但是拜美國老大哥霸權政策之賜，恐怖組織明目張膽趁勢壯大蔓延各處，爲了防止恐怖分子搭機進入國境滋事，或挾持飛機強行勒索，各國際航空站出入的安檢措施，得過一關復一關，並布置大量的人力逐項以人工檢視，但求滴水不漏。此時電腦化的快速功能變成微不足道，作業速度全卡在人工作業上，不論出、入境、進入機場和登機的各個檢查關口，無不是長長的人龍蜿蜒迤邐。

那些常出國的商務人士，眼尖一點一定會發現，在擁擠的人群區外靠近側邊的一條通道，經常空無一人，安檢人員好整以暇好不悠閒，久久才看到一位經常是西裝革履的人，由機場場務人員帶領，在幾秒鐘內快速地通過檢查揚長而去，讓枯等許久的大群旅客羨慕不已，這條通道常被稱爲禮遇通道，只服務特殊身分的VIP。受到別人特別的禮遇，感覺還眞不賴。

新鮮人對同事請求幫忙和主管吩咐要做的事，幾乎無法拒絕，既然全部得接受，好歹有個先來後到，先答應的先做，後接到的自然排到後頭，如果眞是這樣，你應該還沒跳脫求學階段凡事照規矩來的單純思想。當許多事情攏在一起就有了輕重緩急之分，不過通常是你認

爲不急或不重要的事，對請託的當事人來說，卻往往急如星火般的在意，一視同仁以先來後到爲處理原則，很可能得罪了某人而不自知。因此在職場混得夠久的老鳥，根本不信原則那一套，對自己有直接影響或交情比較好的同事，他們請託的事永遠擺在前頭，說得露骨一些，就是人在社會化後會比較勢利。他們相信在個人能力範圍內給這些人特別的禮遇，會讓受禮遇者建立好的印象或得到意想不到的回報，對你未來的發展有利無弊。

想一想在最近的未來，誰最能左右你在企業中的發展，答案再簡單不過了，此人必定是你的直接主管，他對你的某些言行如有些微的不滿，你可能因此被埋沒得更久一些，許多人逞一時之氣的結果就是這樣。所以直接主管交代要做的事，管它重不重要，急不急切，或根本是雞毛蒜皮的小事，心思靈巧的人無不列爲第一優先馬上處理。畢竟承受者的感受就好像受到特殊禮遇一般，只有一個字可以形容心境，那就是「爽」。

致力於維護的某些所謂的正義，若需以自己未來的發展爲交換條件，代價或許大了些。先求適應環境，待羽翼豐厚重新拾回泯滅的純眞和原則，是成功者常用的方法。

18 主動回報讓人放心，證明自己是負責任的人

為人子女者，沒有人逃避得了父母的叮嚀和垂問，不論子女的年紀多大，在父母的眼中，自己的孩子似乎永遠長不大到能完全應付社會上所有詭譎的事。深怕自己的孩子隻身在外容易吃虧，不小心犯錯或惹了麻煩，耳提面命之餘又怕子女當做馬耳東風，逮到機會則重覆再重覆，因此嘮叨也經常是父母親的代名詞。在無線通訊普及後，鈴聲響起時，青少年最不想接的電話，或許正是父母親的來電。有些年歲較長的父母戴著老花眼鏡耐心的花數十分鐘的時間，在小如黃豆般的手機鍵盤上吃力地打一小段文字，傳簡訊再次強化口語的叮嚀，深

怕孩子忘了，流露出的親情不禁讓人動容。爲了照顧好子女，父母幾乎無所不用，很多的子女嫌煩還不領情呢！當子女也升格爲父母時，不自覺的如法炮製方領略個中的滋味。代代相傳恆久不變。

對某人能力的不完全信任是引發叮嚀的原動力，如果受者能主動而不時的回報狀況，叮嚀的人瞭解進展的程度知曉全貌則能放心。新鮮人初入職場所做的任何事，應該都不是已駕輕就熟的事，或許自認能力足以應付，但別人未親眼目睹其表現之前，自然抱持懷疑的態度。企業主管的心態和家中的父母極爲類似，就怕他的部屬沒辦法處理、搞砸了或根本忘了做，因此期望部屬能不斷地回報事情處理的狀況，務求完全掌握方才安心。

既是如此，與其任由主管隨興之所至垂詢事情進展的情形，聰明的員工採取主動式的告知爲因應，相較於有問才說，當然較能博得主管的信任。採取主動回報模式的人，事先會想法子將事情處理過程分成爲幾個段落，預先排定每個段落可能完成的時間和想要達到的進程，當自己對做某件事情心中有譜的時候，相較於隨興而爲，必然更覺踏實，如果事先讓主管知道你的規劃，還可以避免主管的不時干擾並督促自己勉力而爲，免得拖延成災。臨時要被吩咐去做的簡單事，或許沒複雜到得分段和計劃，問清楚主管的要求標準和期待完成的時間，處理完立即主動回報，亦可順勢釋除壓力，何樂而不爲？

主動回報這碼事，老實說既非諂媚也不是邀功，而是對自己的工作盡責，對請託或交付工作者負責的一種態度，適用的對象不只是直屬主管，一般同事也同樣受用，時日一久成爲習慣後，「事情交給你做，一切放心」的口碑將如影隨形。很多人一輩子搞不清楚其中的道理，事情不論做好與否，從來不主動通知應通知的人，可能只是一通電話，一封再簡單不過的電子郵件或者是一份經過濃縮的簡短報告，卻等著他人來問，此時縱使事情已如期完成，但缺少了在意這個「眉角」，你留給別人的觀感可是大大的不同。

19 摸清主管的個性和好惡

交男女朋友可能是在學學子最在意的事，學業反倒其次；範圍擴大些，未婚男女最惱人的事依然是交友，事業在初入社會的這個階段還排不到首位。雖然養活自己是非常重要的事，不過大部分的年輕人，生活再不濟還有父母親的依靠爲退路，然而個人的感情如果不順利或空虛，則幾乎無依託之所，自然被年輕人視爲首要大事而魂牽夢繫。大部分的年輕人交男女朋友時大小波折不斷是常態，原因在男生、女生的個性迥然有別，拿自己熟悉的邏輯、思考、感覺的方式對待另一方，被白眼以對不讓人驚訝，甚而導至分手可能仍遍尋不到眞正的原因而納悶

不已。眼見少數的人交男女朋友像走馬燈，一個換過一個接連不斷實在令人稱羡，這些情場高手倒不見得是俊男美女或家世傲人，但是個個都深懂投異性之所好，對不同類型的對象有不同的對應方式，因而可以牢牢地抓住對方的心，在情場上悠遊自在。這樣的本事並非與生俱來，倒是經常的練習一定會變得熟稔，看到一些老牛吃嫩草的例子則知所言非虛。

熟能生巧是大家都知曉的道理，一般員工在企業所從事的工作，很少是一次性的，絕大部分是週期性重覆的發生，再鈍的人做久做多次之後都學得會，甚至可以做得既快又好。既然你、我、他來做都沒什麼差別，爲什麼少數人特別受到主管的喜愛，績效評比獨占鰲頭且被破格拔擢，原因很簡單，他熟諳主管的個性而投其所好。主管喜歡的事多配合，在意的事不出差錯，不喜歡的事不要硬去攪和惹人厭。這些同事擅用的手法和情場老手的招式很類似，只不過試練的場域從情場轉換爲職場，對象從異性變成長官，都是藉不斷的觀察和測試抓到訣竅。在職場要練就這樣的本領比情場容易得多，因爲對象明確，就在眼前無可挑選；主管的心思和好惡，在以事情爲媒介的經常接觸中，輕易而明白的一再顯露在其言行中，用心觀察稍加歸納八九不離十。

20 早一些，差很大！

時代的巨輪似乎越轉越快，人們的腳步被推動得難以停歇，現代人無不覺得在這個年代討生活著實不易壓力大到無法負荷。冷眼看大都會早上趕著上班的擁擠人潮，哪一個不是低頭快步疾走，既搶搭公車也急著先一步進入電梯，或急躁的在小吃店買了早餐，邊走即邊吃了起來。在長長不見首尾的車陣中，不斷地看到某些車子緊貼前車，忽而左忽而右的變換車道，機車騎士則見縫就鑽擦身而過，真是險象環生。大家都在趕時間趕著上班，不過是快個幾分鐘，原本應該是神清氣爽的一大早，弄得每個人神經緊繃，此時辦公室的事還沒開始做呢！想當然

爾，上班族的壓力隨著旭日東升而增卻未隨日落而消，整日逐月的累積，確實讓人感嘆現代人難爲。

如果你早一點出門，不就多個五分鐘或十分鐘，心情可就完全不一樣了。腳步可以放慢，搭不上這班公車等搭下一班也沒關係，還可以在早餐店坐下來，輕鬆地享用一頓簡餐，放棄擁擠的電梯信步拾梯而上，好像做了一趟晨操。開車時別人的驟然插隊，你會體諒他正在趕時間，騎車不再鑽東鑽西安全多了，心情自然輕鬆起來。這一切不過是提早五分鐘十分鐘而已，莫名其妙的壓力全都不見了。其實現代人在快節奏的脈動下，還是可以找到方法讓自已的心情平靜壓力降低。

企業中的事做久了遲早會做，照理說駕輕就熟之下，工作壓力應該不大才是，但是當這些工作應完成的時限已過，在主管和同事的催

促之下趕著處理時，壓力隨之降臨，更要命的是他們對你的不滿已如影隨形地產生；急就章地完事，常免不了還需要修正，不滿的情緒將隨著時間的遞延而增。或許你有充分的理由做爲延遲的藉口，然而這些理由在企業中無所不在，很像約會遲到總以塞車爲由，誰會相信？倒是你的主管定然會把受自於更高階主管的責難怪罪於你，想想看有人會喜歡一個常替自己帶來麻煩的部屬嗎？

和清晨早五分鐘或十分鐘出門一樣，如果那些該限時完成的事，比限時前還早一點完成，則情況完全改觀。因爲絕對不會拖延，非難不在，反而能建立起信守承諾的好口碑。不要懷疑，不拖延是所有主管都欣賞的工作態度，誰不打從心裡喜歡這樣的部屬？有些時候，主管對你的延遲嘴巴雖說沒關係，請切勿把表面的客氣當眞。做完的事偶爾未合主管的意，這多出來的一小段時間就很好用，彼此都能免於心浮氣躁。

早一些確實差很大！

21 盡早學會自我控制，今日事今日畢

剛從職場畢業的新鮮人一定記憶猶新，一整天或一整個學期用在讀書的時間實在少得可憐。如果能多抽一些時間來讀書，在學的成績單必然不是現在這個樣子，畢業排名可以提前許多，對謀個好差事多少有些幫助。忙著參加社團活動或四處打工，成群結隊地出去玩，三五死黨經常聚在一起打屁一整天，上網飆線上遊戲，或無所事事枯坐在電視機前掃遍所有的節目，碰到期中、期末考試，熬夜抱佛腳幾天，課本大部分的知識，都是在這個時候囫圇吞棗地消化了一些，這就是學生度過高等教育階段的全貌。進、出都很容易的高教制度，想

要調教出拔尖的人才，現行的制度起不了多少輔助的作用，幾乎全靠學生的自覺。

學校在設計教學課程的時候，保留相當的彈性空間，讓學生有餘力從事各種的課外活動，豐富其學識的內容；加上課業的成果隨個人追求的目標而異，因此投入課業時間的彈性範圍很大，所以接受高等教育的學子無不認爲那段日子過得輕鬆而愜意。習慣了學校緩慢的步調，進入職場免不了很難適應企業的快節奏，突然間發現自己得做的事一件接著一件沒完沒了，和在學校的閒散時光天差地遠。如果步伐調整得慢一些或調不過來，不稍多時即思離去，這也是新鮮人離職率偏高的主因。話說回來，換一家企業情況依然，你絕無可能找到錢多、事少、離家近的工作，何不盡早適應才是良策。

企業找一個人進來，當然在事前已規劃好這個人要做哪些事，爲了節省用人成本，會把事情排得滿滿的，排滿的程度和其他人相當，不會特別的對你另眼相看，如果你夠熟練，當天的事當天做完不是問題。然而企業內的干擾因素無所不在，個人無可控制的外來干擾所耗掉的時間，得用正常的工作時間把因此而拖延的事補回來；可以自我控制的干擾所耗掉的部分，同樣得花時間補回。新鮮人很快的會發現，每天總有這麼多的人在加班，這些人難道眞的事情多到非加班不可？如果細細地觀察會察覺，絕大多數的同事在正常上班的時段，浪費太多時間在個人可以控制的無謂干擾的事務上，可能是在和同事閒扯、看一些無意義的訊息、回一些不必要的信件、和朋友或隔鄰的同事以FB或LINE瞎扯、上網閒逛搜尋和做些無相關的資料、在雜亂的檔案中翻找舊記錄、或在辦公室中閒逛，辦公的時間在不知不覺中飛逝。

加班可以解決以上的問題，該做的事依然可以如期處理完畢，只是老闆得冤枉的多支付一些加班費，你也一併犧牲了部分的生活品質。當浪費的時間靠加班都補不回來時，事情不可能憑空消失，自然逐漸地累積而且越來越多，最終會變成凡事都得延後才能交差的壞習慣並形成工作的壓力。現代人普遍責怪工作壓力很大，卻渾然不知自己的工作習慣可能才是最大的禍源。如果新鮮人早早知道緣由並學會自我控制，在時間不是浪費很多時及早回神，並確實地履行今日事今日畢的原則，它會成爲個人滿受用的一種特質，受到長官的青睞不在話下。

22 桌面清潔，放心下班

除非爲情勢所逼，很少有學生願意長時間地住在學生宿舍，到學校寢室看一眼還算整齊的寢務，再比較個人租屋豐富而隨意放置的雜物，任誰也看得出其中的區別。在校外租屋實在太自由了，沒有門禁的限制，東西要怎麼擺置你說了算，不會有人在乎你何時就寢或起床，只要不過份到招來隔鄰的抗議，喧嘩嘻鬧隨你喜歡，不分男女幾乎所有外宿生的行爲都差不多。房東在收到一整學期的房租荷包滿載，唯一的要求是你別把房子拆了或燒了，其餘全隨你的高興。如此放任的生活型態，經過數載後不知不覺變成習慣，悄悄地融入你的生活中。

進入企業，個人可以處置的空間突然變得很小，一張辦公桌外加一個兼放個人雜物的小檔案櫃，就是你可以全權運用的私人空間，其他的都是共用設施，你可得照規矩來，要不很快遭到設備管理者的白眼。未來在企業中的時光，東西將越來越多，各種紙本公文、報告、記錄和資料天天都有，再加上個人的備忘小貼紙和常用物品，加上充飢的零食，不要多久，原本整潔的小空間定然琳瑯滿目到目不暇給，可以讓辦公室的空間縮小到只留桌面的一隅，找一樣東西變得不是這麼的容易，這全拜先前養成的習慣之賜。沒有人會認爲在這樣的環境下辦公會有效率，除了創新之外，效率可是企業最能拿來賺錢的利器，少了效率這家公司可能什麼都不是。是否有效率評估起來有點麻煩，不過辦公桌的整齊清潔卻能給人有效率的直接印象。身處雜亂辦公環境的人所給的承諾，會讓人極度懷疑他實踐的可能，就好比一個衣著邋遢的人，你很難相信他愛乾淨。

事先做好分類，每樣東西都有固定的位置，經過一天的工作，每天在下班之前花五分鐘的時間，將攤在桌面的物品、文件檔案全部歸位讓桌面清空，四周無雜物，如果今日事今日已畢，再加上這點的在意，往後的每一日都會是清新的開始。

23 睡到自然醒是奢求，早點上班換來輕鬆的一天

由學生族轉變爲上班族最大的差別，是睡到自然醒成爲奢求，你只能在假日一圓此夢，大部分時候帶著睡眼惺忪匆匆出門，喝杯熱騰騰的咖啡提起精神爲一天的忙碌拉開序幕。這樣的日子幸運一點的將一直延續到退休爲止，既然未來數十年的日子都得這樣過，或許可以想個法子讓晨起變得更有意義一些。

隨著工作的日益熟練，照理說上班時可以停下來喘口氣的機會和時間，愈來愈多也愈長才是，但是沒有一位上班族有這種感覺。得處理的事情東冒一個西來一件源源不絕，增加的都不是預料中的事，這

些事足以打亂你原先的工作步調，如果胡亂地應對，分內的事情可能因此不能按規定如常地執行和完成，免不了吃長官一陣排頭，那可虧大了。

那些已提升爲主管的人，他們都知道若任由部屬隨個人的喜好行事，或放任某些問題懸而不決，必然影響整個團隊的產出，連帶影響到別人對他的評價，因此他們通常會提早一些時間到辦公室，按照輕重緩急先安排好每一位部屬該做的事，同時排解一些同事的疑惑才正式上工，不過花十數分鐘的時間就能搞定，完全不占用正常上班的時間也省了許多不必要的非議。這似乎是一個好法子，該做、不做、晚一點做和怎麼做，在大夥還沒動起來，了無干擾的時候，休息了一整晚完全清醒的頭腦，幾分鐘之內就能判斷事情輕重緩急的順序，做好安排，如果還懂得預留一些空間應付那些臨時插進來的突發狀況，忙

亂到頭疼的機會可以少很多，也少帶點怨氣回家，它是提早一些到班預先安排好行程換來的果實。反正已睡不到自然醒，早一些些起身又何妨，新鮮人可以試試看並習慣這樣的工作模式，因爲有一天你也可能會成爲小主管。

24 把開會當做教育訓練，仔細聽多體會

打一通電話到辦公室找人，若是別人代接，最常聽到的回應是：他在開會。

倘若你找的是主管級的人，得到同樣回應的機率，隨著他的官階而增屢試不爽。不知從何時開始，開會成爲解決問題的萬靈丹，各行各業通通適用，參加大大小小的會議，儼然成爲各級主管最主要的工作。這些身經百會的主管們因此練就了一副好口才的本事，口舌之能對事情的解決雖未必有助，倒成爲升官不可或缺的能力條件。能言善道可輕易地撇清責任，慷慨陳辭令人動

容，想當然足堪大任。

在無所不會的大環境中，新鮮人一定有機會恭逢其會。上班前的準備會議，你得牢牢記住主管交代和再三叮嚀的事，萬不能以馬耳東風待之；下班後的工作檢討是你初試啼聲的時候，想一想如何簡短而清晰地報告事情進展的狀況，適時提出問題尋求奧援，可別在這個時候大發議論，耽誤了同事們的下班招來白眼。其他會議談的事可能都與你無關，新鮮人在這個時候不過是陪開會的參加者罷了，雖然有浪費時間之嫌，聰明人可不會輕易虛擲。仔細聆聽或多或少知道其他同事在幹嘛，需要的時候才知道該去找誰幫忙，不致於一臉茫然像個局外人。當這些零碎的訊息累積多了，稍用點心自可拼湊出這家企業營運大致的狀況，知曉企業和同事如何玩這碼遊戲。

這些非常實用的訊息，不曾出現在教育訓練的課程中，同事和主

管也不會明白地告訴你，反而在會議言談中宣洩而出，端賴新鮮人是否知所攫取而爲己用。若你視參加會議等同於受教育訓練，可獲得加速學習的機會並藉以快快融入工作團隊，那麼會議就不再枯燥反而變得有些趣味。有朝一日輪到你上陣，臨場表現若優於他人，或許就是多了這點認知和用心的結果。

25 充分準備，可避免公開發言的恐懼

娛樂事業持續的蓬勃發展，現代人有很多機會觀賞一場生動的現場表演，不論是可以隨意走看的野臺戲，或是正經八百盛裝入席的劇場表演，在臺下當一名不起眼的觀眾欣賞精彩的演出，見臺上的演出者或妙語如珠動作誇張的逗人發噱，或歌聲悠揚舞藝流暢的令人沉醉，確實讓人心神愉悅壓力全釋。觀眾可別認爲表演者的功夫得自天賦，這些演出者在獲得觀眾如雷掌聲時，毫不掩飾地說道：臺上一分鐘，臺下十年功，勤練不輟才有今天。他們以多年累積的紮實底子建立自信，配合深沉悠長的呼吸，克服每一次上場前無來由的焦躁。能

上臺表演著實不易。

東方學生雖然在私底下嘰嘰喳喳地呱噪不休，既好動又愛起鬨，但在公開場合有機會於眾人面前起身發言時，往往顯得異常的沉靜，類似的行爲一直向後延伸到工作領域，依然羞於表達意見拙於言辭。少了公開露臉的機會，個人的能力倘因此而被埋沒豈不讓人扼腕。仔細觀察周遭眾多主管的言行，再輔以同事們私下對他們的評價，你會發現憑藉能言善道往上竄升而能力平平者多如繁星，可知語言能力常被誤認爲有本事的表徵。

在會議場上初試啼聲，委實令人膽顫心驚而思退卻之心，若被事先指定，好幾天睡不安穩實不爲怪。此既爲升官必備之能力條件，如個人又懷抱鴻鵠之志，與其蹉跎經時終需面對，不如趁早養成。在會議中適時的發聲，可以是開端也是最佳的練習場域，爲了減低開口的

恐懼，害怕說錯話而難堪或不小心傷及同事，學一學公開上台表演者的做法，預先起草說詞、模擬應對方式、多次的演練，事前準備充分心中有底時，恐懼和羞怯可以少掉一大半。好在發言的內容不脫工作的範疇和自己熟悉的事，準備起來相對容易，只要是具備良性而積極的發言或建議，自可免於傷人，縱使臨場的說話有些生澀，提出的建議不怎麼切合實際或有點像老生常談的廢話，最大的收穫是克服了恐懼且得到練習的機會，假以時日，你也可以能言善道。

26 讓大家知道你做足了準備

做任何一件事總有它的目的，做沒有任何目的的事是純打發時間。舉辦會議最常見的目的是爲了溝通，期望經過言語互動的過程讓事情進展地順利些；要不則是希望藉由會議集思廣益找到比較可行的方法來解決問題；或是長官想聽聽部屬的工作報告，瞭解近況當場下達指令，並藉機訓話外加責難，要一下主管的威風，這是新鮮人最可能也是最常參加的會議，通常有固定的週期；至於以宣達爲目的的會議，告知和聆聽訊息是它的全部。

除了參加以布達爲主要目的的會議，與會者無需準備外，參加其

他任何的會議，與會者事先都得做足準備，不只是爲了在議場上發言時言之有物，也可免於恐慌，亦利於會議進行的效率。若是定期的工作報告，你得把上一次會議主管指定完成的事先做了結以免挨刮，再扼要地報告現在進行的事並陳述遭遇到的困難，如能獲得別人的援手，目的就達到了。因爲沒有人會笨到把遭遇的困難歸咎於自己能力的不足，那麼發生困難的原因無可避免的會落在同事的身上，這是新鮮人準備工作報告時頭痛的地方。你得思前顧後找到一個委婉的說法，既可點出問題所在又不致於傷了同事間的和氣，別人聽得懂自己也可從容地在會議中開口。這樣的說詞得在心中琢磨再三拿捏輕重方得以適度，往後也有很多的機會從高手過招中習得個中技巧。至於直來直往的那一套，趁早收起來，免得遍體鱗傷後才幡然悔悟。

準備的時候得對主管和同事可能提出的質疑和反應，預思破解之

道和回應之詞，對涉世未深的你來說，此舉並不容易，但事情總有開端，無論如何只要經過思考，多少可以減少臨場反應不及，一時答不上話來的窘況，其他想不到的就當做是臨場反應的練習題，只能隨時應變。如果你對某些議題有一些特別的想法但囿於經驗不知是否可行，不妨事先探知同事的反應聽聽他們的意見，免得好不容易鼓起勇氣在會議中提出，卻遭來一陣搶白而洩氣。畢竟三個臭皮匠勝過一個諸葛亮，是否合乎邏輯切於實際，從小圈圈的反應已知一二。

把事先準備好的東西扼要地記下來，如果成爲你的工作習慣，未來必然受益良多。有太多的人兩手空空的參加會議，不知所爲何來，臨時胡亂瞎抓，未明究裡亂出主意，他們尤以主管爲甚，都以忙碌爲由，浪費的卻是別人的工作時間，同時犧牲了會議品質，連帶損及企業的獲利，委實令人痛恨。

新鮮人可千萬別在踏入職場之初即染此惡習，以固定的格式記下你的工作現狀、遭遇的問題、已經完成的事項、預告未來要做的事及建議的做法，將它和相關的資料文件在會議之前以電子郵件寄給所有與會者，讓他們有充裕的時間閱讀消化。同事們和主管會發現你有些與眾不同，因而留下比較好的印象，若捨此而不爲豈不怪哉！

27 搞定會議記錄有竅門

把一件事情說清楚不容易，欲以文字明白地記載一件事或闡述意見似乎更難。泡一杯濃郁的咖啡或沏一壺好茶，打開報紙閱讀時事、看看八卦新聞，假日的悠閒時光通常以此拉開序幕。不經意的翻閱各處瀏覽文字之際，大大小小的訊息一溜煙的進入腦中，當你盡情悠遊於文字之中，或許從未認真的想過，這些事件記載和文字撰述者，居然能把一件極端複雜的事描述得如此清晰且平易近人，他們的文字功力眞是非同小可，更別說時事評論者犀利的筆鋒常讓讀者拍案叫絕。回想自己偶爾也有提筆寫一段文

字的機會，左思右想個半天遲遲難以落筆，辭未必達意更是常事。

在辦公室裡你免不了得用文字寫些東西，如果辭不達意或記載的不夠周全則很可能誤事，讓同事和長官們小看了你的能力，文筆一向不好的人免不了有書到用時方恨少之嘆。所幸在辦公室使用文字的機會，除了毋需太注意文句結構的同事間之書信往返外，以事件的報告和用來補口語不足的會議記錄爲大宗，雖說平鋪直敘即可了事，可也有些竅門能讓你得心應手閃避陷阱。

一群人七嘴八舌大半天，自然得找個人把會議的過程和結論以白紙黑字記下來，免得口說無憑事後翻臉不認帳。新鮮人別以爲怎麼可以這樣，過分一點的還會僞稱未收到會議記錄藉以脫責，讓你見識到人的狡猾無所不在。撰寫會議記錄需花時間整理，得以未必擅長的文字精簡地記載，顯然不是一件有趣而討好的事，通常也不會是某位同事明訂的工作內容項目，因此新來乍到的你被列為首選，一點都不令人訝異。

雖然說不上是一件好差事，從另一個角度來看，撰寫會議記錄倒可視為協助新鮮人及早進入狀況的催化劑；因為你不能不負責地將所有的發言如錄音機般的全多錄，被強迫得專注地聽所有人的發言且想法子摘記重點，無形中訓練了抓住重點的能力，這是這件差事帶給你的另一個好處，何樂不為！會議記錄具有時效性，結論兼具強制性，與會者必須在散會後依據會議達成的共識和決議起身而行，因此它必須在最短時間內，經與會者和相關主管認可送到與會者手中據以展開行動，如果一拖數天，你可能很不幸的成為那些未依時施行者的代罪羔羊，百口莫辯。

你得在數小時內搞定：會議內容摘要、記下明確的結論、執行事

項的權責人和指定完成的時間，經與會者和老闆認可，發送給所有應發送的人，再想個法子存檔，會議記錄的事才算了結；如果其中的文字沒有人誤會意思，沒有遺漏重要的訊息，就算成功。

28 會議場所為能力增進最佳講堂

賺錢是新鮮人進入職場的最主要目的，沒有工作經驗加上僅有的能力尚未獲得認可，因此就業市場的基本起薪價就是你的待遇。體力和時間是年輕人最大的本錢，費體力和需長時間的工作，自然落在新鮮人身上，老實說根本就是靠體力和時間換取金錢。如果新鮮人安於現狀缺乏自覺，個人的能力並未隨年齡增加而增長，體力卻隨著年歲而衰退，能工作的時間也隨體力衰退而縮短，想想看靠體力和時間換取報酬的時光焉能持續？養家活口的壓力能不沉重？甚至於有一天可能淪為青壯年悲哀的失業族，眼見熟悉的工作被另一批年輕人取代時，該怪誰呢？

因爲價格便宜，企業主喜歡用年輕人做耗體力和耗時間的工作，他可以用了一批再換另一批，可是年輕人完全沒有類似的條件，當年華漸逝意味著體力日衰工作時間日減，連上帝也無力喚回往日的風情。因此聰明一點的新鮮人在工作的時候把不斷地學習做爲賺錢以外另一個最主要的目的，只要有機會絕不要輕縱。他知道靠多樣而獨特的能力掙得的好收入和保有的工作機會，不會被無情地剝奪。

此時的學習如果仍單純的依賴制式的教育課程，往往被繁忙的公事和層出不絕的家庭瑣事羈絆而延宕，上進的心逐漸消磨殆盡，待回神時年已過半百，也正是可以被年輕人取代之時，悔之晚矣！工作中的學習無所不在，每一位同事的做事方式都可以是你學習的對象，每一件你不熟悉的事都值得你花心思弄清楚，主管們處理事情的應對進

退，更是新鮮人可以多加揣摩的標的。不論是行事平庸的同事、表現傑出的主管或是行事與決定令人捉摸不定的老闆，會議正是觀察他們的最佳場所。當新鮮人還是一名旁觀者或會議中大部分討論的事和你無關的時候，大可氣定神閒的在內心玩角色扮演的遊戲，設想如果是你會如何應對，如何脫身又如何裁決。有可能你完全沒有想法，表示自己還很生嫩，有朝一日，你開始有不同的意見產生不同的做法，先不論是否可行或恰當，恭喜你已經爲自己能力的提升跨出了一大步。聽與觀察、模擬與思考、進一步提出自己的想法，是未來在沒有標準教材的社會大學學習的主要模式，會議場所就是隨處可及的最佳講堂。喜好開會是社會和企業的通病，如果能把冗長的會議轉化爲提升自己能力的機會，再多的會議也不會無聊！

29 說到做到，贏得信任

這一輩子一定會碰到許多讓人討厭的事，它們都有理由惹你生氣，但是你可能不知道在企業裡最讓人討厭的，卻是看來並不起眼被一般人視爲無傷大雅的：說了未做或答應了而未做到這碼子事。日常生活裡心口不一說而未做，早已是生活的一部分，社會化的結果是大夥都學會口頭的敷衍，來應付強加於身心不甘情不願的壓力，彼此你來我往，頂多在心裡咕噥一陣子也就罷了。但是這樣的行徑如依樣畫葫蘆用在工作上，帶給其他人的困擾和影響遠非你能想像，因爲企業中的事務都互有關聯，某一個人答應要做的事如果爽約，往後一掛的人全都受到牽

連，並經常殃及客戶，讓站在第一線的人受到責難，賠盡笑臉不得諒解。如果同樣的情況重覆不斷地發生，想不記恨都很難，更可悲的是有時想抓出始作俑者痛加撻伐一番而不可得，因爲整個工作程序中犯了相同毛病的人不只一處，有些還位居主管之位，又能怎樣？

新鮮人初入職場可千萬別染上類似的惡習，因爲上身後要修正可是得付出前途受阻的慘痛代價。如果你的工作是流水線中的一員，在前後包夾的群體壓力和極易被揪出的特性之下，這種情形不會發生，臨櫃人員也一樣，客戶的等待根本不容許你稍有遲緩。它通常發生在非例行性工作或例行工作有相當自我裁量空間時，貿然地答應卻沒想到時間不夠或能力不足，事實上這些都可能是推拖之詞，眞正的原因是沒放在心上沒當回事。如果你把隨口答應的事、會議中指定你要做的事、主管交代的事，都規矩地記在行事曆上隨時翻閱，把準時做完當作和女朋友約會般的重要，做不到這件事鐵定不會發生。

有一天如果你聽到主管說：事情交給你做我放心，記住這絕對是至高無上的讚譽。信任是升遷的基石，得來不易卻值得你去建立，別看其他的同事拖延成性也沒怎樣而輕忽了依承諾準時完成的必要，見其年歲已大卻和年輕的你做相同的事則瞭然矣！

30 小心職場「抓耙仔」

現代人壓力眞的很大，一有空閒不是吃喝玩樂，就是一群人窮嗑牙，盡聊些沒什麼營養的八卦事，電視臺充斥著這類的節目，報紙也搶著以大版面連篇的報導助長了這股風氣，社會上似乎沒什麼大事可以讓大家投以多一些的關心，大夥兒藉短暫的滿足來麻醉自己，壓力獲得紓解後隔天又是一尾活龍，繼續爲生活而奮戰。工作、找樂子、再工作，幾乎就是現代人生活的寫照。

街談巷議存在已久，原本即是一般民眾生活的一部分，也因爲經常的互動而強化了鄰里和團體的凝聚力。人民的凝聚力對國家社會來

說是一件好事，如未達偏執聚衆鬧事的地步，少有政府會以法令和公權力橫加干涉。對以團結爲尙的企業來說，更是求之不得，以各種活動鼓勵員工常常聚首增進瞭解，當同事間的情誼深化到可以涵蓋和解決一些管理制度不易處理的問題時，管理者可以省點事何樂而不爲！

同事們聚在一起談談正在風頭上的八卦當然有趣，不過再怎麼好玩也比不過周遭同事的八卦讓人關注，只要同事間傳出緋聞或發生嫌隙，訊息傳播的速度和加油添醋的重口味絕對勝出，但來得快去得也快，應了八卦新聞追求新鮮的特色。可是在企業中存在一個始終不退熱潮的話題，主角則是各級的主管，在任何時刻和場所只要評論主管鐵定獲得回響，如再加上誇張的言詞和肢體模仿，勁爆程度保證讓人絕倒屢試不爽。在工作上受到主管壓抑的鬱悶，在揶揄中完全釋除，久混職場的資深同事常以此一吐心中的塊壘，說他們牢騷滿腹絲毫不差。

對主管的揶揄和評論多少有點誇大，雖有偏執但住住是事實而且傳神，也當然不會是好事，若傳到主管的耳中後果不堪設想，因從未見到有大肚到能容納雅言的主管，更別說是刻意而誇大的諷刺。你一定會奇怪同事間私下的嘻鬧評論之詞，主管怎會得知？有謂知人知面不知心，你怎麼會相信同事中無心懷叵測之人，主動通風報信巴望得到青睞升官發財，也可能某一位同事根本是主管精心布置的眼線，藉以探知部屬私底下的言行。這很像情報電影的情節眞實地出現在你我周遭，令人不寒而慄。處於一個競爭激烈的環境，當同事的工作能力無法突出到讓人刮目相看，或主管對自己的位置有保不住的焦慮時，則不乏類似的行爲。在酒酣耳熱之際和隨意打屁的時候，新鮮人可別忘情到對你的主管妄加評論或加料附和，保持某種程度的清醒和自制仍有必要。畢竟社會大學教給你的經驗，如用自己的血淚來換取，未免過於悲壯！

31 不要「白目」招小人

雖然全世界都風行舉辦各種活動來慶祝元旦的到來，但中國人對流傳千年的農曆春節始終難以忘懷，少了狂歡的熱鬧卻多了些祈福的虔誠。春節期間各處廟宇萬頭鑽動，無不祈求來年發大財消災厄。發大財固然很好不過難得，消災厄卻是人人需要，深懂信衆心理的寺廟，順勢推出安太歲點光明燈的活動，花個數百或千元，可以獲得神明一年的保佑，有拜有心安有保庇，全民都瘋狂。原本每隔十二年或六年才需要安太歲的習俗，逐漸變爲年年都得安心中才得安，各處的寺廟樂得財源廣進，寺廟蓋得愈加金碧輝煌，好一片盛景。

個人財富未必可得，衆信徒倒是眞心地祈求人生能夠順遂一些，

除了健康、學業、事業和婚姻之外，沒有信徒會把防小人這件事給忘了，有些人甚至在小指戴上一枚戒指，聲稱有防小人的效用，似乎述說著人生的困厄皆因他人而起。在競爭激烈的現代化社會著實傳神，爲求得一口飯吃，以詆毀來排除競爭者司空見慣，每個人都有類似慘痛的經驗，在職場上待得越久感受越深，它來得莫明難防，因此祈求神明助一臂之力，防止小人從中作梗，幾乎成爲全民的共識。

早就有人說道：「鳥爲食而亡，人爲財而死。」競爭確實會讓人無所不用其極，然而防止競爭者的中傷，若一心祈求神明的眷顧而缺應對之方，豈非緣木求魚。新鮮人初入社會仍保有年輕人的純眞而受稱道，言行率直的純眞卻也經常被已社會化的前輩嘲諷爲諧音的「蠢」，直言直行了無顧忌很可能在無意中冒犯了別人爲自己招來麻煩，在競爭激烈的環境拉幫結派尚且不及，只因出言不當而樹立敵人，豈不蠢乎！

從現在開始你得特意地改變昔日直來直往的風格，不僅三思而後行，尚且三思而後言，言行之前先設想別人可能的負向反應，如無可避免寧可噤口寡行，別忘了初入職場的你極爲脆弱，禁不起任何風吹草動，又怎受得了小人的饞言。有時看到那些社會化徹底的人，其言行讓人覺得噁心，或許可體諒他曾經受過無數的創傷，矯枉過正以致成爲如今的世故和鄉愿，新鮮人若重蹈覆轍豈不遺憾！

32 見人說人話，見鬼說鬼話

一個人加入一個完全陌生的大團體，不稍多時會發現他和某些人特別相處得來，成爲某個小群體的一分子，有人稱這一群人爲臭味相投者的聚合，觀察那些比人類低階的群聚動物，身體散發的特殊氣味確是用來分辨敵友的重要憑藉，萬靈之首的人類自然不是單憑氣味聚集成群，如細心地觀察，很容易感覺到同一群體中每一個人的行事作風均極爲類似，顯然某些具有複雜內含的風格，正是人們集聚成群接納同伴的主要因子。

相同風格的人行事作風類似，連思考和講話的方式都差不多，這一群人相處久了，彷彿相濡以沫，輕易即能抓住彼此的心思和反應，做起事來特別的順利，願意互相幫助，也樂於相互提攜。群體中如果有人機運較佳官運亨通，同一掛的工作夥伴往往雞犬升天通通得利，機運之說並非無由。人的風格因先天和環境的差異呈現多樣的型態，碰到完全依自己風格行事的人，機會並不多，在企業以外的私領域，遭遇風格不對盤的人或可不加理睬，然而在企業裡大夥兒共事，則幾無選擇的餘地，學習和各種風格的人和平相處變得非常重要。

首先得仔細的觀察分辨。經過多次的接觸你會慢慢地發現，有人快手快腳行事乾脆，反之則是拖拖拉拉囉哩囉嗦惹人厭煩；有些人勇於任事說到做到，碰到凡事推諉遲無作爲的人必然爲之氣結；慷慨無私的人令人樂於接近，自私自利貪小便宜好計較的可不在少數；伶牙俐齒好辯者不好應付，溫文儒雅讓人心儀；另有些人心思縝密，更多的人大而化之。他們幾乎是現代社會的縮小版，因為風格各異，以致原本簡單的事變得複雜，只有分別搞定事情才做得下去。

外食已成為現代人普遍的生活型態，為了滿足各類食客的喜好，琳瑯滿目的菜餚幾乎囊括各類的偏好，食客滿意餐館老闆自然荷包滿滿，只提供單一菜餚的餐館在市場上根本看不到。常言道：見人說人話，見鬼說鬼話，以相同的精神應對各有風格的同事，和餐廳以豐富的菜單應對各類食客的作法相仿。當你和快手快腳的人一起做事時，你也得加快速度；面對拖拖拉拉的同事，你得有心理準備事情不可能準時完成，給他和自己留更寬裕的緩衝時間是比較好的做法，可別忘了時時提醒催促；如果有人囉哩囉嗦，正好可以培養自己的耐心；遇到凡事推諉的同事，少去找他的麻煩，逼不得已去找老闆出面就很有效；碰到自私自利貪小便宜好計較的人，慷慨是最佳應對之道，所費不多卻能收攏人心；有人伶牙俐齒，只要裝傻裝笨自能相安無事，那些傷人的話千萬別往心裡放，一笑置之才顯示出你的大肚量；向心思縝密的人求助，他會很高興而你則可以學到很多東西；那些大而化之的同事，漏東漏西絕非有心，只因少了一根筋，體諒他吧！

耐心、體諒不動氣、大方、裝傻裝笨的交互作用，加上正面積極的配合行事，得罪人的機會變少了，小人自然遠你而去。防小人可不能光靠神明的保佑，縱使祂的法力無邊，但是求者眾多也可能忙不過來而把你給遺漏了！凡事靠自己比較實在。

33 停下來想一想，結果大不同

有一個電視廣告以不停轉動的陀螺隱喻人生，一開始陀螺挺著筆直用力地轉著，逐漸的轉速變慢，最後陀螺在微小轉劇烈的搖晃中倒地靜止，畫面也從明亮轉爲漆黑。回想一下人生眞的很像陀螺，不停地轉呀轉，似乎從來沒有機會讓你停下來喘口氣好好地想一想，等停下來時已是油盡燈枯，往事如煙！

初入職場的新鮮人一心想著努力做事，希望有朝一日能混出一點名堂。願意用你的企業既然付了薪水，不以工作滿載來搾乾你豈能甘心，因此職場中的人個個像陀螺一樣忙得昏頭轉向，下了班回到家只想休息或倒頭大睡一場，哪有空靜心想一想，稍一蹉跎就是二、三十年，因此大部分的人一生也不過如此，回想起來不勝唏噓。

工作不乏努力，結果一般，如果你也步上相同的老路豈不遺憾。若想要不一樣，隔一陣子停下來想一想或許是個好點子，如果每天都想一想，每一件事都想一下當然更好。在企業裡做事，想一想，自然是思考一下怎麼做比較順利比較有效率，也就是比較省時間的意思。省時間意味著你可以不用這麼忙碌，事情卻都能如期完成，企業非常喜歡這樣的員工，因爲時間等於金錢。如果你想得越深入，還想到如何替企業省成本，老闆一定樂壞了，會把更重要的事交給你來辦，你的人生可能因此而改變，不只是終日忙碌而已。當想一想怎麼做會更好、更有效率、更省錢，成爲你的工作習慣時，你變得和同儕不太一樣，引人注目受主管的喜愛，不論在任何的職位似乎都得以輕鬆以對，想一想，這是多美妙的事！

34 從工作中找趣味，找機會

員工把例行性的事情做完做好是分內應盡的責任，你我皆同。當新鮮人的做事速度和工作品質，與熟手幾無差異時，每天朝八晚五做同樣的事，初入企業的新鮮感很快地消退，時間一久必覺枯燥無趣，如未能適時地加入一些創意，上班將淪爲純粹爲生活而爲的苦差事。任何人走到這一步田地，似乎都充滿著無奈，因而寄情於閒暇。上班一條蟲，下班反而成爲一條龍的人，還爲數不少呢！

難道工作中就找不到樂趣？目前這些死板板的工作方式本來就是人訂的，只因爲沒人提出更好的做法，它就成爲標準。誰不知此一時不同於彼一時，意思是時間改變、環境改變，事情也會跟著變，處理事情的方式自然得變通方才適切，因此任何事情都存在改變的機會，換句話說是有改善的空間。這些改善的提議通常都由新人提出來，因爲新來的人沒有習慣的包袱，比較容看到不合理或不恰當之處。很多企業不定時的向外招聘新人或職位更替，部分原因源自於類似的想法。

新鮮人是百分百的新人，雖然欠缺工作經驗但相對的少了經驗的包袱，卻多了新世代敏銳的感覺，在自己工作的範疇內若能恣意地說出自己的建議想些新點子，不是讓人興趣盎然嗎？倘若被採納豈不快哉！相較於習以爲常失去改變熱誠的員工，提出創意點子的新鮮人是有點不同，增添幾許未來的想像。

在企業裡提出新的做法或新的點子，只要能省時間、省人力、省錢，增加銷量、產能，提升客戶的滿意或強化關係且不用多花錢，定然受到主管的注目。如果背其道而行和企業冀望的結果全然無關，再怎麼新也不具意義，畢竟企業縱無作爲也還輪不到職場新鮮人來出主意。

在你的工作範疇內隨時隨地想一想，把已經成熟的想法記錄在每月的工作報告中，主管會感受到你對工作的熱誠，當這些新點子和建議帶給企業的貢獻逐漸累積，此時提出新點子和提出建議，不只是讓工作變得更有趣而已，你很快的可以看到自己的未來和其他同事不太一樣呢！

35 主管偷走你的好點子

從小我們就被大人教導不能偷別人的東西，隨意拿走別人的東西如被發現，必然遭父母親的責罵甚至一頓痛打，如已就學還得補上記過的處分，連番的處罰保證讓你記憶深刻。法律對成年人偷竊的行爲更處以監禁的刑罰，關在狹小的牢房裡失去自由的日子，不必親身經歷也能體會日子難過，若非萬不得已誰願意以偷竊爲生？東西被竊的人心裡一樣不好過，不論數額多寡，擁有即表示曾經喜歡過，喜愛的東西被人任意地取走心裡自然不痛快，因此任何人對竊賊都深惡痛絕。

有形的東西被別人不告而取於法不容，然而社會對無形的東西被別人拿去用則寬容得多。因爲無形，得大費周章地經過認證的程序確認歸屬才能受到法律的保護，縱使如此，還是有很多人並不認爲拿這些無形的東西來用有何不妥？加上擁有無形東西的主人，想藉此賺一大筆錢，反而助長了這類隨取即用的行爲。物主完全忽略了低價增量的道理，少有人會爲了區區之數而冒偷竊的風險，價錢便宜讓欲使用者付出金錢時毫不遲疑，銷量反而大增，無形資產的擁有者賺到的錢因量多而增，一點都不少。近來便宜的電腦付費應用程式下載的人數，動輒以萬、數十萬計是相當成功的案例，設計者獲得了知名度也賺到了錢，省掉了大費周章抓仿冒的精力，可以專心地開發更好的軟體，主客雙贏！

企業要進步，點子和建議是重要的催化劑，管理者整日忙得不可開交甚至焦頭爛額，因此好的點子或建議並非想當然爾的全然得自於管理階層，基層員工貼近實務反而能產生一些獨特的構想。並非每位員工都有提出好點子的本事，如果你偶然間對某件事情提出一個獨特的看法，很有可能在另一個場合卻由主管的口中冒出來倒成了他的好點子。眼見自己的東西被他人使用委實讓人氣結，但別詫異，在企業裡將部屬點子挪為己用的主管多的是。他們懂得加入一些東西重新包裝，讓人感覺他就是原創者，藉以獲得更高主管的另眼相看。這些人的行為和偷別人的東西據為己用有點類似，誰叫你不能守口如瓶脫口而出，或根本不知道這個點子可以再用點心發展得更成熟些，找到適當的時機和管道才公開，既是如此人人可聽而取之。主管們往往具備了判斷和使之成熟的能力，這也是他所以為主管的原因。

新鮮人如果屢屢碰到類似的情形，可別因此而覺得不痛快，反倒為自己的想法頻受長官的重視得以轉為事實，慶幸自己擁有難得的本

事。未來如果有些新的點子和建議，不妨進一步的具體化後再選擇一個適當的時機全盤公開，讓同事們見識一下你的與衆不同。說不定假以時日你也學會了如何從別人的觀點中擷取精華而爲己用的本事呢！畢竟個人所知所見有限，取他人之長可補己之短。一個人見識的開闊，經常是吸取別人優點的結果，它可正大光明的很呢！只是方法可以更周到些。

36 沒有應該的事，心存感激

大部分的學生在父母親「起床！」的吆喝聲中從睡夢中醒來，穿好衣服梳洗完畢，熱騰騰的早餐已備妥在餐桌上等你取用，天天如此一點也不覺得奇怪。直到成家，如果你娶了一位好老婆或嫁個好老公，同樣的事就由另一半代勞，你也一定習以爲常。有一天若沒有人吆喝著起床，餐桌上空蕩蕩的少了食物，才會覺得奇怪。絕大部分的人甚至可以說幾乎全部的人，會認爲接受父母親或另一半的服務或服侍是天經地義的事，是應該的事，因此少有人會心存感激地說聲謝謝，受者如是給者也無奢求，日復一日認分地做相同的事。

從小到大我們就這麼樣的習慣了過來，也把這樣的習慣帶進了職場，當你認爲同事做這件事是他分內該做的事，在他做好交到你手上時，你一定不會心存感激的說聲謝謝，可是在他不是做得很好或不如你意的時候，倒有可能讓你動了肝火，心裡老大的不舒服。很多主管不時氣急敗壞的高聲斥責部屬，不都認爲做好事情是應該的，然而高聲的斥責並沒有帶來好效果，因此他們的斥責聲沒有斷過。

如果你把同事做好的事交給你當做是對你的一種服務，雖然眞的是他分內該做到的事，但打心底的說聲謝謝還是會讓同事心裡舒服，覺得做這件事的付出值得，而心甘情願地保持下去。如果你能挑出其中比較特別的部分給一些讚揚，恰好切中他自豪之處，在一個責罵遠遠多過讚揚的職場生涯中，是多麼的難得。雖然不一定因此成爲你的麻吉，但一定不會替你帶來麻煩。

有些企業的強人以責罵和嚴厲聞名，新鮮人可千萬別有樣學樣，這些老闆可是有充分的本錢才能這麼做，他的左手拎著準備給你的財富，右手的鞭子才能使勁地抽下去。忍著被責罵的痛苦和不堪換取財富，有些人還是認爲值得，畢竟鳥爲食而亡人爲財而死，回家抱頭痛哭一場也就過去了，改日賺到財富後再拍拍屁股走人，重拾愜意安度剩餘人生。

37 勇於學習，事事長本事

大部分的人都喜歡到有制度的企業工作，通常企業的規模越大，制度越完善，相對的也顯得個人越渺小，換句話說出頭的機率越小。這些企業的員工只要按照制度的規定，做好分內的事就算盡了責任，每天都做相同的工作習以為常。安逸而單調的工作是侵蝕企圖心的主要因子，許多原本胸懷鴻鵠之志、資質不錯的人，就在這樣的環境中被埋沒了。這些大企業以絕佳的聲譽輕易地招攬名校高材生，然而最後工作成就並不起眼的比比皆是，老實說還眞的浪費了社會寶貴的人力資源。

如果你服務的企業規模不大制度也不完善，你會發現想安穩地做好分內的事有點奢求，因爲隨時有狀況發生，你得不時的當救火隊讓人操煩，經常被賦予新的卻又不熟悉的任務，眞能幫得上忙的人似乎不多，只好硬著頭皮獨自面對，感覺眞衰。雖然許多事都亂七八糟缺少章法，但不需多久你會發現自己的能力長進了不少，處理那些莫名其妙的事，竟不知不覺訓練出其他的能力。認眞回想起來，初入職場待在中小企業好像也沒什麼不好。

新鮮人在衆多的員工中彷佛置身於滾滾洪流微不足道，除非績效卓越否則不容易引起長官的注意，如果你的工作內容本質上即欠缺表現的機會，等待被拔擢時已經白頭，豈不喪氣！參與企業大型的活動籌辦，倒是提供另一種露臉的平臺，它有很多機會讓那些有決定權的主管知道你的存在，順帶看到你不一樣的能力。這和企業招募剛畢業的職場新鮮人的時候，比較喜歡任用有社團經驗的應徵者很類似，那些額外的能力可能在你的工作中看不出來，卻在籌辦活動的過程中展露無遺，因而加深了高階主管對你的深刻印象，他們可是比你的直屬主管更有直接拔擢人才的權力。何況籌辦活動可以讓你學到例行公事以外的本事，很多時候它們比專業知識和技術還來得重要，偶爾犧牲休閒的時間，卻可換得收穫和機會，何樂而不爲！

38 搞清楚「地雷」所在，別踩到了

很多小朋友一大早被父母親喚醒時，心情特別不好，叫他們做任何事都可能引來一陣咆哮，說也奇怪隔一陣子時間自然恢復正常，之前的壞心情彷彿不曾發生似的，相同的情況可能持續好一段時間，直到長大才消失。醫學界找不到眞正的原因，父母親通常也不太在意，反正起床後的某一個時段別去惹他就是了。

脾氣這樣東西人人都有，發脾氣的原因也說不上有多少道理，而且每個人都不相同。同樣的狀況對A來說根本沒事，對B來說可能攪得天翻地覆，鬧得不可開交；引起爭端的人經常一頭霧水不知何故，老實說這些無心而惹人生氣的人，只不過神經比較大條或不夠世故才招惹麻煩，還滿無辜的。因此天生好脾氣的人在交朋友上占了很大的便宜，不易或不會生氣自然受到大家的歡迎，漫長的婚姻生活也因為夫妻間不易起爭執多一分的美滿。

好脾氣的人對事情容忍的底線比一般人深或低些，有人把這條底線稱為地雷，當你踩到某個人對某件事情的地雷時即觸發反應，爆發出脾氣。如果你能事先知道同事對某件事情的地雷所在，即能有效的避免做出侵犯底線讓他生氣的事。地雷的項目瞭解得愈多愈能相安無事相處愉快。摸清楚主管的地雷所在對身為部屬者更加重要，因為踩到它輕者招來一陣斥責自討無趣，有可能損及荷包或被冷落好一陣子，重者還可能丟了飯碗斷了生計，那才叫冤呢！

應該不會有人以自身的權益為代價，藉嘗試錯誤的幼稚行為來探測別人的地雷所在，它既未清楚地寫在某個人的額頭上，也不會出現在企業的標準程序中，因此從旁觀測和側面打聽是最好的方法，從周遭同事和主管們對某些事情的反應和處置方式，加上同事間閒談無意中透露出來的訊息，可見其端倪，得牢牢的記在心裡避免碰觸。地雷之所以爲地雷，和小朋友一大早被喚醒時的情緒不佳極爲類似，純係個人的認知，沒什麼道理，縱使有也不過是有權力的人說了算的玩意，職場新鮮人只要記得地雷在那就是。費心的辯解和質疑無濟於事，不如費神訓練自己的觀察力和敏感度來的實際，免得在得罪人後才以自己的神經大條自嘲或被嘲諷白目而自找難堪。

39

馬上認錯，別硬拗

在所有生物的成長過程中，學習時間最長的是人類，雙親、師長甚至社會和媒體以超過二十年以上的時光，用各種方式教導進入社會必備的知識和規範，才敢讓身軀已早一步發育完全的年輕人進入社會闖蕩，自力更生開拓未來的人生。爲了讓成長中的孩童搞清楚社會的許多規範並牢記在心，許多人煞費苦心編了許多勵志的故事，孩童被故事的精彩內容吸引之餘，也一併記下了未來進入社會的一些戒律。孩童們在嘻鬧的歡樂聲中逐漸長大，該知道的東西陸續地刻印在心中記在腦海裡。

在那麼多的故事中，曾爲美國總統的華盛頓以斧頭砍了櫻桃樹的

故事，似乎特別引人注目，原因無他，只因爲他後來貴爲美國的開國之父，小時候做了誤砍櫻桃樹的小事，向父親坦誠地認錯免去一場皮肉之苦。顯然在成人的世界承認錯誤是很重要的事，而且還是一件不容易做到的事，要不爲何華盛頓只不過在小時候因爲一件小事認錯，就被大加讚揚？他一生中建立的豐功偉業比起這個故事似乎都有點相形失色呢！

在人生的旅程曾經走過一遭或已經過了大半輩子的人，可沒有人會否認眞的是跌跌撞撞過來的，每跌一跤都是犯了一個錯的結果，也得到一些教訓，雖然如此，要一個人公開的承認錯誤還是滿困難的。看那些知名的公眾人物出了紕漏，不都先硬拗一番，實在萬不得已才認錯，然而爲時已晚社會大眾不願諒解時，本來還算不錯的人生，在這個時候產生了缺口，要重新彌平通常是很久以後的事了。

別人一生犯錯不斷，新鮮人初入職場，自然也難免出錯，或許是因爲生疏，可能是一時大意或源自於知識的貧乏，也經常是因爲個別認知的差異而受到長官或同事的指責，心裡著實不是滋味，倘若不幸著了不懷好意者的道則更嘔。如明顯是個人的失誤，哪有逃遁之途，馬上認錯疊聲稱是、對不起，還可避免有人落井下石趁勢追打。那些因個別認知差異而引發的失誤，無不是主管或資深同事說了算，不論對錯，他們認定的標準就是標準，不符合則是失誤，多爭辯只不過引來更多的撻伐罷了，事情不會愈辯愈明更不會還你公道。

馬上認錯，事情通常不了了之，不管你的認錯是否心甘情願，很少有人會再花力氣去踢一隻已經垂頭喪氣夾著尾巴的小狗，這也是快快承認錯誤換來的好處。如果你眞的是替罪羔羊，替的人還是主管，有一天他可能投桃報李給你一些想不到的好處。有不少人靠這種方式而發達，雖然不可取，如自知本事不怎麼樣，替人受難不也是另一種謀生之道？

40 真話看清楚情況再說

上了一點年紀的中國人，大概很難忘懷中國大陸文化大革命期間，各式各樣奇異的施爲造成的創痛，看似匪夷所思，至今仍有部分被權利擁有者廣泛的使用。遍地開花，意思是鼓勵人民把心裡的話一五一十地說出來，好讓當權者從寶貴的訊息中自我反省修正施政方式，獲取民衆的好感。聽起來絕對是一番好意，未料卻成爲當政者鏟除異己的惡毒手段，那些大鳴大放的人最後通通落得被整肅的下場，有些連命都難保。當權者的一番虛情假意，把潛伏的毒蛇全引出了洞一舉消滅，夠狠了！

除非交情夠深夠久，否則要人說出心裡的話難如登天，朋友之間如是，縱使親如夫妻也難免有些保留。爲人夫者總不能大剌剌地向老婆坦白，他的心裡還有其他心儀的女人，只要老公稍有不慎透露出來，家庭風暴立現，沒鬧個天翻地覆怎可能罷休。

企業的營運想要變得更好，除了老闆的睿智和如同拼命三郎的工作熱誠外，員工的想法和意見占了很大的比重，如果老闆願意誠心的傾聽員工的心聲而且還能擇優而行，這家企業鐵定是好公司，部門主管如果也有類似的風格，身爲他的部屬眞是三生有幸。可惜這樣的企業如鳳毛麟角，類似的主管提著燈籠也找不到幾個。老闆或主管並非不知道多聽部屬的意見對企業的經營和自己的管理有益，可是當意見涉及個人的行事作風時，他們的反應就很容易變調。職場老手深知其理，除非他眞的做膩不想幹了，否則沒人願意和自己的主管唱反調。很不幸的，眞話總是和主管的個人行事作風糾纏在一起，因此主管階層始終聽不到眞話。有些時候意見相左和個人風格無關，有道忠言逆耳，聽到不同的意見心裡就是不爽，那還能平心靜氣地評析利弊，難保心裡不犯嘀咕：「我才是主子，你是哪根蔥呀！」

新鮮人可千萬別自初出生之犢的以身測試，主管表面上看起來平靜無事，狡猾一點的還可能口頭稱讚一番，等看到績效考評和期望的不一樣，眼見唯唯諾諾的同儕早已爬到頭上，自己仍紋風不動，方才知曉主管缺乏接受部屬批評、對辯和建議的雅量就爲時已晚了。

「有話請直說」、「我都接受」、「不會放在心中」，根本是引蛇出洞的慣用花招，別傻了！這裡是爭奪無所不用其極的場域，絕對不是父母親溫暖的懷抱。

41 裝忙碌

學校教育教給年輕學子許多的知識和規矩，可也有很多的本事仿如天生，歷經就學期間群體生活的洗禮，同儕間的互傳心法，加上經常的使用倒是愈發的純熟。

拉緊過久的橡皮筋會變得疲乏，一天上八小時的課也確實累人，上課愈到後頭學習的效果愈差，因此學校通常會在一整天課程的最後一、二小時，安排體育、美術、音樂等具有遊藝性質的科目，間雜一些名爲自習的時間，讓學生稍微喘口氣，兼而回顧之前上課的內容，加深授課的印象。學生哪會在乎學校對課程安

排的用意，因此名爲自我複習的時段，總是七嘴八舌一片鬧哄哄的景象，老老實實複習課業的學生眞的不多，當擔任哨望的學生發出警訊時，意味著導護或督學老師即將駕臨，喧鬧攸然終止，學生們自動恢復埋頭看書的勤學模樣，眞是集體裝模作樣的典範。在大禮堂集體聆聽師長的訓話，往往有超過八成以上的學生，雖然眼睛直視前方的正襟危坐，當眞一句話也沒聽進去，假裝的功夫隨著年級增長而越發的純熟，漫長的就學過程無形中強化了這樣的本事。

新鮮人初入職場很快會發現這些在學校常用的招式依然管用。見不得員工輕鬆已成爲企業共通的特質，有時候確實前事已完後事未至而得空，但沒有任何一位主管願意看到部屬東家長西家短的閒聊，忙碌的工作可避免引發亂子是他們所堅持的理由，因此絞盡腦汁地找工作不能讓員工閒著，也不論做那些事是否眞的爲企業帶來實質的效益。新鮮人得讓自己看起來很忙碌的樣子，才不會引來主管的側目胡亂的丟一些工作給你。

在企業任職每天都有固定的事要做，確實比就學忙碌，主管又虎視眈眈的隨時在側忽而垂詢忽而召喚，想要輕鬆做事總覺難求。說也奇怪，當主管不在時，工作的氣氛就是不一樣，原本的安靜變得有些喧鬧，某些工作不再那麼急切，工作總量可沒變少，心情就是覺得輕鬆，這和導師及督學都不在的自習課情景相仿，難怪部屬都希望主管能經常出差或被冗長的會議絆住，輕鬆的時刻因此多一些，裝模作樣也可以少一些。

42 事事攤在陽光下

全世界已開發及開發中的國家生育率都在逐年下降，老年人口的比率則反向的升高，執政者對這種普遍的現象憂心忡忡。他們擔憂新增勞動人口的生產力不足以供養這些不具生產力的年老族群時，國家將面臨龐大的財政赤字，影響到國民生計，不利於繼續執政，政治人物總是冠冕堂皇說些福國利民的話，其實算計的是自己利益的最大化。一般民眾亦復如此，養兒育女的費用愈來愈昂貴，自己的收入趕不上飛漲的物價，能少生則不會多生，誰管國家的未來因生育率下降會變成怎樣，往昔兒女成群兄弟姐妹嘻鬧和樂的景象只剩下追憶，唯一的子女

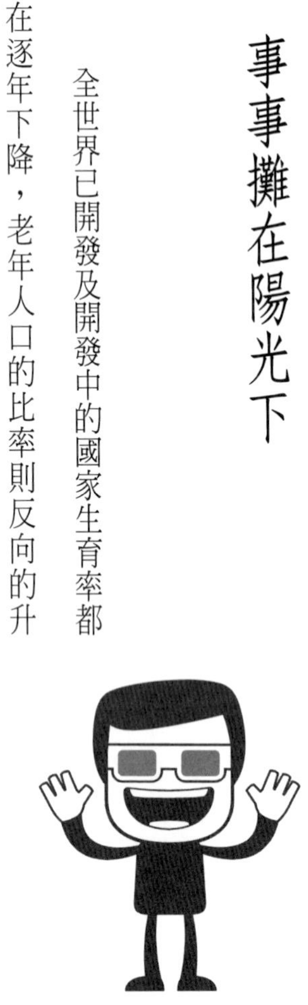

孤單地長大是普遍的現象。少了成群的兄弟姐妹也失去了小社群內衝突的情境和領略應對之道的機會，當學成進入職場面對同事競爭使出的狡猾手段，頓時手足無措而蒙受傷害。

五隻手指頭伸出來不一樣長，兄弟姐妹雖系出同源，脾氣與個性也各不相同，天性溫和的容易被心機偏重的欺負，父母接受惡人先告狀的結果是，眞受欺負的小孩反而無辜的招來斥責和處罰，強被栽贓卻百口莫辯的代人受過。這些小花招在兒女成群的家庭中不斷的發生，個性再憨厚搞久了也心生警覺學會應對之道，長大成人和別人相處時自會心生警惕事先預防，受到的傷害也就少一些。

發生在孩提間的諉責、爭寵手段，轉換爲職場場景後因職場的激烈競爭態勢而烈，在逐級而上的窄路不會有人在乎你的感受，如不願成爲手段狠毒的掠奪者，至少也得學會如何保護自己，以免淪爲別人成功的犧牲品。處理事情的資訊透明，可以讓你少蒙不白之冤。當你把想法、做法、過程、別人應允的事、面對的問題和處理的結果通通攤在陽光下，即時的讓相關的人尤其是你的主管都知道的時候，有心人則失去暗地運作的空間，一併少掉私下詆毀的可能。有人總會故意的忘掉他的口頭承諾和選擇性的聽取訊息，因此精簡的文字敘述和記錄比口頭更加保險，白紙黑字源遠而流長，至今仍難被其他的形式取代不是沒有道理。

43 向資深員工取經，回報以尊敬

從學齡開始一直到學校教育結束，絕大部分的時間學生是和年齡相仿的人相處，一樣的作息，相同的語言，幾乎類似的閱歷和體力，培養出共同的喜好，甚至結爲至交好友，這段時間往往成爲人生中最值得回憶的時光。

屬性相同，讓人與人間的相處變得容易而自在，因此年齡相仿，志趣、職業或身分類似的人不自覺的聚集成小群體，群體內的人擁有共同的人生閱歷，關注的話題彼此都能輕易的交流，相處起來格外輕鬆自在。相對於和那些年齡差距大得多的長輩或位階高自己許多的長

官相處的拘謹，自然敬而遠之。差距，徒增相處的困窘也同時建構起溝通的障礙，若非不得已誰想去改變這種狀態？結果是越敬重距離越遠。

這些原本不會在一起的人，企業在不知不覺中把他們湊成了堆，而且還用事情緊緊的捆住彼此的關係。環顧周遭主管的年齡都比新鮮人大，顯然均非我族類，有些甚至大過你的父母，相對於西方的開放，在東方保守的價值體系，子女對雙親的態度維持固有的尊敬而少交流，很多家庭甚至少到只剩簡單的問安。在這樣的時空背景下，主管和部屬間因爲年齡的差距，形成第一道的溝通障礙也就不足爲奇，而主管手握令人生畏的績效考評大權，則讓障礙變成屏障，溝通更加困難，在部屬心裡產生若非必要能不接觸則不接觸的潛規則，如主管不思改進之方，卻要部屬主動的找主管談事情豈不強人所難？有些主管聲稱辦公室的大門常年敞開，可是召喚依然是和部屬會面的主要方式，他們忽略了無形的障礙才是眞障礙。

和年長的同事相處，情景則完全不同。年紀已經一大把卻和他們眼中年紀小到不行的新鮮人做相同類似的事情，不再有奢求只望安穩，心如止水似的心態，是這些資深同事和主管之間最大的差異。少了升官發財的競逐和冀望，卻不乏人生的豐富閱歷，新鮮人會發現和他們對話比和主管談事情容易而輕鬆。他們會毫無保留地告訴你許多的祕辛，從脈絡中你可以搞清楚這家企業是怎麼回事，由事件中弄明白老闆或主管們的行事風格，連帶的學會一些應對的竅門。當追求權利的慾望消失殆盡，手上也無權力可以運用的時候，得自於小輩的尊敬會讓這些資深的同事感到無比的欣慰，這是新鮮人獲得寶貴經驗之際應該有的回報。

偶爾有爭執，退一步不也是另一種尊敬的形式？企業混搭式的組織形態，讓年輕人和資深同仁有共事相處的機會，多多請益別讓年歲的差距阻礙了人生閱歷的傳承。

44 有規畫，你的未來不是夢

如果在你工作職場的周遭有許多上了年紀的同事，做的事和初出茅廬的你沒多大的差別，心思比較敏銳的不免會認爲，他們在升遷的路上可能並不順遂。如果現在的你不多用點心思、多想些法子或多費點勁，十數年甚至數十年後，眼前的景象或許正是你未來的寫照。

幾乎每位成功的人寫回憶錄時，不約而同地說人生之路難以規畫，因爲規畫總趕不上變化。這些人功成名就，一輩子掙得的成績遠遠超過他原先期望的結果和範圍，由名人口中說出這樣的感嘆，卻很可能讓正在力求上進的年輕人誤會機運勝過一切，可以不用費心地規

畫未來，殊不知少了規畫中每一小步所冀求的標準，則同時失去了積小成而成就大未來的可能。畢竟在人生的路上大部分的人缺乏寫回憶錄者的超級好運道，你碰不到識千里馬的伯樂，也沒撿到從天掉下來的禮物，財神爺總是過門而不入，只有靠自己一步一腳印盡可能地累積實力並努力地追求，或許在職位升遷的窄路上獲得一些成果，數十年後，你仍然有很多的機會和職場新鮮人共事，不過角色應換成長官而非同事，這正是規畫對一般人所發揮的功效。好機運並不由人，新鮮人豈能在人生剛起步時視好運氣爲當然而捨規畫爲無物！

參加任何一項考試，心思稍微靈巧的人事先都會翻看考古題，試圖掌握住出題的趨勢和傾向，準備起來不僅輕鬆許多且能順利過關，試場老手用此招式無往不利。同樣的招式在企業裡一樣管用。企業中每一個功能部門的每一個位階都有它沿襲成形的升遷途徑和必需具備的學經歷和能力條件，逐級而上連接成線即成爲標準的升官圖。有些途徑半途即止到不了頂端，有些則岔了出去形成另一片天地。各種途徑難易不同，升遷的機會也不一樣，如果你選擇了一條長時間才能達成的路，則得有長期等待飽受煎熬的打算，而那些輕易即可獲得的位階，稍不留神也很容易退回原位，並不值得羨慕。

這些資訊隨時會出現在同事瞎扯閒聊之間，去掉其中的八卦，職場新鮮人稍微用點心思不難整理出頭緒找到常規，轉頭回顧資深同事目前處境的無奈，或許是激發你著手規畫未來升遷之途的最大動力。它有可能在你現在服務的企業還沒來得及實現，卻可能在下一個或再下一個企業中開花，十年或數十年後才結果。當規畫和檢視成爲未來生涯中行爲的一部分時，你可以相信未來不是夢！

45 昭告天下，強迫自己努力不輟

如果你不是只埋首於做自己的事，還懂得觀察周遭事物的細微變化，你會發現，不管企業賺不賺錢，企業裡頭最忙碌的人肯定是老闆。他們可以全天候的工作，一年三百六十五天，天天如一日。這些老闆級的人，通常也是這家企業最大的股東，雖然上有董事會的監督，不過是個形式，實際上等於上頭沒有長官的監督和要求，底下則有一大群員工在做事，他卻讓自己忙得半死，何苦來哉！在新鮮人眼中看似高檔玩樂的應酬，對老闆來說可是耗盡心力的苦差事，當許多重要的事得藉由應酬方能決定或搞定時，那還有心思品味高檔的美食享受無微不至的服務？

是什麼因素讓擁有老闆身分的人這麼想不開，毫無疑問是想賺大錢的企圖心在背後驅使。強烈的企圖心可以讓人忍受折磨忘卻痛苦、忽視健康輕忽家庭，有時甚至枉顧國家利益在所不惜，因而有類似商人無祖國的感嘆。就學期間學生通常只需投入有限的心力，課業就能越過及格的門檻順利畢業，尤其是大學教育，成績好壞無關宏旨，因此新鮮人或許從未親身體會或早已忘了在高中時期強烈企圖心所帶來的強大驅動力。就業後少了考試過關升級的壓力頓覺輕鬆，但很有可能稍一蹉跎原地踏步已十數年，縱使曾經發願做過升遷的規畫，當外在鞭策的力道不再，如缺乏強烈企圖心的自我驅動，任何上進的規劃不過是個虛幻的泡影，最終，通常也是馬齒徒增時，卻可能帶來生活困頓或心裡不痛快的結果。

當老闆的人從不掩飾多賺錢的企圖心，念茲在茲不時掛在嘴邊因而產生持續的推力。新鮮人如已規劃好升遷之途，升官冀求圖一樣可以毫不扭捏地昭告天下，讓你的同學、長官、親朋好友加妻小共同見證，想到屆時若未做到，必將招來原來就看不起規劃的人訕笑豈不丟人現眼，推動的力道則油然而生。說來奇怪，有企圖心又不時地告訴別人藉以提醒自己，原本看似不可能的夢想總能實現。或許不放過任何達成規劃目標的機會，面對所有的困苦皆自願承受，任何工作都願意承擔，這樣的心態和老闆已無二致，怎會不受到注目，機會自然而然降臨。

46 換職位，長見識

東西用久總會出現狀況，通常不是什麼大問題，若稍許懂得竅門，花點時間動動手大部分都能修復，可再用好一陣子。人工越來越貴，技術人員出門一趟，不論修大修小都有基本收費的行情，只見他們三兩下搞定，轉眼間你就得付出白花花的鈔票，讓素來省吃簡用的家庭主婦心疼不已，因此大部分的老公免不了被太座要求，嘗試學會一些基本或簡單的修理技巧，再不濟幹些粗活也行，多少可以省下請人代勞的銀兩，當薪水的調整始終落後物價漲幅的年代，能省一文是一文。

修理東西不是什麼了不起的大事，但是光靠徒手，除了換換燈泡外，可能什麼東西也修不成，因此一家之主在大型購物中心閒逛的時候，總喜歡到賣工具的攤位晃晃，找一些順手的工具以備不時之需。在各式各樣琳琅滿目的工具中，通常集多樣功能於一身的複合工具最引人注目，雖然價錢貴一些但可以換來工作的順利，一咬牙就成了自己的行頭。其實大部分的情況是只有單一功能的各種工具早已躺在工具箱中，對DIY有偏好的人就是難以抗拒集多功能工具的魔力，這和家庭主婦喜歡買一整套多功能鍋子及菜刀的習性，基本上類似，著眼點都是因爲順手。

千年前一代宗師孔子看到了多功能的魔力，因此他說：君子不器，意思是你不能像器皿一樣只有單一的功能。在現今這個時代，這句話對一般人來說依然非常管用。如果你只有單項的功能和專長，適用的範圍相對狹窄，當環境變動的幅度稍微大一些，很可能頓失爲社會服務的機會，若回頭僅能以最基本的體能換取甚少的報酬，豈不悲慘！如擁有多樣的功能，和具備多功能的複合工具一般，在各式各樣僅具單一功能的群體中，輕易引人注目，被選用的機率大增，別人給的價錢也不一樣。

進入職場後不同能力的建立，和在學期間按步就班地習得各種知識和技能完全不同。企業不會爲了培養你的能力而量身打造一定的途徑和課程，通常是在換不同的工作中，自然習得另一種的能力。職涯中接觸到性質不一樣的工作越多，可以獲得的能力也越多。但千萬不能像現今所謂的草莓族，因爲不願承受壓力而頻頻更換工作，平白浪費寶貴的青春。你得花相當的精力和長期的時間，弄懂現在做這件事情的所有竅門，才有資格更換。

企業裡頭員工來來去去平常，類似的機會多的是，時機到了你可以主動請纓，丟給有權力的人去傷定奪的腦筋。通常他們對主動的員工都抱有好感而採不妨試之的態度，你則獲得增長本事的機會，有朝一日擁有的能力項目越來越多時，則是大顯身手的時候！

47 調整自己，面對挫折

這些年，快樂學習被叫得震天價響，從有記憶以來，實在想不出有哪樣東西的學習是快樂的？因爲不懂所以才要學，光不知道或不懂這件事就難讓人快樂。一大群學生跟著老師學，學生的資質難免有高低之差，雖然聽相同的課接受一樣的指導，學習的結果就是不同。第一名的學生只有一位，其他名次的學生哪裡快樂得起來？名次在後段的更可能遭來同儕的訕笑而感羞愧。第一名的學生或許在得名當時心情雀躍不已，不過快樂的時間非常短暫，他和其他同學一樣得花相當長的時間準備測試，在合格與否和在乎排名的焦慮下壓力悄然降臨，稍不留神第一名的寶座則換人坐，同時間還會招來老師和家長特別的關注，挫折感油然而生。只要有競爭，快樂這件事情就不存在，只要你有所求或別人有要求，壓力則存在，只要你不會，則會產生恐慌。學習這碼子事將此三項狀況就全包了，哪有快樂學習這回事！

相較於未來職場生涯的境遇，在學時所遭遇的恐慌、壓力和挫折根本是小兒科。有人稱職場爲企業叢林，一點都沒有錯，它到處充滿殺戮戰況慘烈，就學時爲求取排名抵抗壓力和面對挫折曾經用過的招式幾乎失靈。此乃冀求存活之戰，挨對手的重擊招招見骨，職場新鮮人勢必得重新練就一番耐壓和面對挫折的新本事才熬得過來。在快樂學習的口號下剛從學校畢業的職場新鮮人，常被戲稱爲「草莓族」，意味著幾乎不能承受任何外來的壓力，壓力稍大或遭受些許挫折，覺得不爽即輕率地更換工作，天眞的以爲找到另一家企業或更換另一個工作即可以避開，殊不知既已進入厄夜叢林，那裡找得著想像中的安樂園？待完全瞭然時往往已蹉跎經年。

不知道該怎麼做卻沒人教你，事情才剛接手即得馬上交差，事情不斷的湧進多到永無寧日，答應的事屆時未能完成，或三不五時就有人評核你的表現，這些都是在企業工作的壓力來源，足以讓你食不知味睡不安穩。自覺沒來由的被主管公然地臭罵一頓斯文掃地，眼看同事頻頻升官但沒你的分，加薪和獎金比別人少，好康的事總輪不到你，可眞不是滋味，挫折感油然而生，拂袖而去重新來過是大部分職場新鮮人隨興之所至應對的首選，然而如不明其因無正確應對之方，相同的情形還是會重覆發生。

雖然父母親都知道偏心對子女的均衡成長有不好的影響，可是不論在子女成群或僅有二個子女的家庭，父母偏心的影子依然隨處可見。比較受父母鍾愛的孩子，他的某些特質或行爲特別能擄獲父母的心，可能嘴巴很甜，書讀得好，非常的聽話，也可能純粹是占了性別的優勢。相同的道理，薪場新鮮人在任何一家企業工作時，你不妨留意主管特別喜愛的部屬所呈現的特質和行爲是什麼？所謂臭味相投一點沒錯，當你由此推論出主管或老闆之所好，改變行爲投其所好會成爲部屬之所當爲；若自己尚未具備某項特質，想法子建立該特質，兩者皆可讓你降低壓力減少挫折由黑翻紅。遭受挫折時，主動面對或找到對應之道並適應它，比草莓族的四處逃遁來得高明。君不見在企業界混出些許名堂的人個個身段柔軟，若非如此早已夭折！

48 觀察企業微妙的變化，及早因應

中國人過農曆春節，大年初一見面的第一句話都是：恭禧發財！祝福彼此來年發財毫無疑問是中國人的全民共識。歷經千年傳承下來的文化深植人心，簡單的四個字代表了中國人一貫的心聲，因此只要是能賺錢的事，必然在中國人的世界颳起一陣旋風。一塊固定大小的餅，大夥爭相搶食的結果是眞賺到錢的人少之又少，絕大部分的人賠了夫人又折兵，不過白忙一場，全民依然樂此不疲。

股市本質上是百分之百的投機市場，押對寶轉瞬間可進斗金，反之則賠光家產外加一輩子的負債，然而大部分的投資人心懷賺錢的美好，卻忽視賠錢的悲慘，個人辛苦工作省吃儉用的積蓄在市場大戶操弄之下，三兩下全轉進俗稱法人的戶頭。這些法人挾龐大的資金和深厚的人脈，有機會深入企業內部搞清楚營運的狀態，自然無往而不利。俗稱散戶的個人投資者，既缺乏資訊又不熟悉企業之營運，只憑市場煽風點火式的小道消息跟進跟出，結果如何不難猜測。

如果缺乏警覺心，任何事情都會得到相同的結果。職場新鮮人進入企業工作，自立更生賺自己的生活費當然是首要目的，進一步則是建立家庭多賺一些錢好維持家計。當家有妻小時，每月固定的開支暴增，保有工作和維持收入變成重中之重，這讓已成家的上班族，既不能也不敢像草莓族般地隨興轉換工作。他們成爲企業中最穩定的一群，不僅工作賣力，耐操又忠心，卻也因此屢屢成爲企業經營不善時最大的受害者。愛因斯坦因專注研發而廢寢忘食，專注而勤奮的員工同樣會疏忽了周遭環境的變化。

企業的變化來得既急又快的情形很少見到，最終的爆發往往是長時間逐漸累積的結果，企業內的員工如果稍微用點心不難察覺異樣。例行的獎金少了，原本固定的福利縮水或莫名其妙的取消，固定發薪的日子有些拖延，出差申請變得嚴格，出差請款有更多的限制或取消了某些行之有年的津貼，付給廠商貨款的日期延長，客人變少出貨不再那麼頻繁而順暢，陳列銷售的物品項目變少，庫房堆積的物品反而增多，老闆罵人動怒的機率增加，主管們頻頻會議，會議後臉色不太好看，員工離職不見補實，員工不時竊竊私語。對處於職層低階得不到企業營運資訊的新鮮人來說，以這些外顯行爲的表徵來推估企業營運狀態的好壞和變化趨勢，依然有相當的準度。

你當然不會希望進入職場的前幾個工作，是因爲企業營運困難而以被辭退爲收場，更不希望突然沒了收入陷家庭於困境，因此新鮮人埋首於工作中時，勿忘隨時觀察企業各項外顯行爲的微妙變化，類似的解讀雖然無助於企業的營運，但至少可以提醒或催促自己預做準備以免措手不及。眼見許多營運不佳企業的員工憤怒的集結，聲淚俱下地控訴企業的種種不是，其實員工自身昧於事實安於現狀，也得承擔部分的責任。可以及早因應而未因應，要怪誰呢？

49 謀定而後動，少自找懲罰

夏天是各級學校畢業的季節，當鳳凰花開驪歌響起時，學成的欣喜和分離的感傷交織成一幅動人的畫面。三年、四年，甚至六年的朝夕相處，所有的回憶在這瞬間一股腦地湧入心頭，想到各奔東西後再相聚未知何時，本是眼前再熟悉不過的事，從此將變得遙不可及，豈不令人感傷？大夥兒忙不迭的在畢業紀念冊上互留感言，似乎想藉隻字片語留住昔日的種種。那些年雖互有競爭也常有齟齬，然而這段時期永遠是此生最值得回味再三咀嚼的日子，比起往後人生境遇的多變多舛，在學階段彷如兩小無猜般的天眞有趣。

離開學校進入職場，雖只是短短的時間，你會很快地感覺到同事之間不像同窗共學般的固定。有些同事換了單位搬離了辦公室，某人擺起官架子一夕間由同事成爲長官，隔鄰突然間失去了蹤影，平時不乏迎新送舊的餐局，原來人員的變動如此的頻繁，和在學時期同一群人共處數年時光的情景完全不同。少了長時間的相處和伴隨的嘻鬧所建立的情感，卻增添了各懷鬼胎的心機，同事之誼就是不比同學情誼的純粹和堅固，人與人之間的牽掛變得薄弱後，穩定的心大減，微風的吹拂都可能引起不小的騷動。

或許主管說了一句不中聽的話，也可能遭到自認爲不公平的對待或和同事相處的不融洽，都可能讓新鮮人覺得不爽，在無法改變現狀又無情感戀棧的羈絆，拂袖而去遂成爲最直接了當表達不爽的方式。因爲沒有養家活口的壓力，新鮮人說走就走的瀟灑讓企業倍覺頭疼。短暫的快意，卻很可能在一段時間後面臨收入中斷無以爲繼的麻煩，尤其在景氣低迷之際，求新職不知是否能成功時倍覺心慌，率爾的離職顯然不是面對問題的好方法。

職場老手警覺企業的營運已不穩定，和長官的關係彷如水火之難容，自忖在長官的心目中絲毫不具分量，升遷加薪遙遙無期的時候，同樣會萌生離開企業的念頭。不過他們會暗地裡默默地布局，等待新時機的到臨，毫無中斷地換一家企業繼續他的工作，開啟新的一頁。他們不會圖一時之快而讓自己的權益受損，倒過來苦了自己甚至累及親人。在人浮於事的時代，你的離開不愁沒人立即遞補，誰在乎你以離職所表達的意念，企業裡頭誰又眞的在乎過你了？

50 投資自己，一本萬利

進入職場工作，意味著近二十年求學時期無憂無慮的好日子已經結束，另一種生活型態即將展開。讀書對學生來說是件苦差事，但上課時人可以在教室心在外的兀自發呆，平日不愁吃喝，漫長的寒暑假可以盡情的玩樂或懶散的無所事事，這樣的生活相對於朝九晚五外帶加班終年無休止的工作，仿如置身天堂根本就是奢求。如此強烈的對比，讓職場新鮮人難忘在學時期的美好時光，想盡法子拾回往日的記憶，下班後倒頭大睡一場和四處玩樂尋求感官刺激，成爲辛勤工作後最佳補償之道，人生最寶貴的時間和好不容易賺到的辛苦錢因此而虛擲。

新鮮人或許不清楚個人未來的發展不只是埋頭地工作，本事的多寡才是定奪其成就大小的關鍵因素，學校教會的東西不過是提供你進入職場的敲門磚罷了，如未能善用公餘之暇進修獲得豐富的知識和多元而深入的本事，從工作中學習得到的能力，別人也一樣會。當你和其他同事懂的事都差不多，且侷限在狹窄工作範疇內的事務時，深度不足廣度不夠，你未來職場生涯的成就怎麼會與眾不同呢？

誰都知道學習新的本事既費時又費錢，如果你把閒暇的時間全用在補眠和縱情的尋歡，把賺來的錢花在吃喝玩樂、裝扮自己、瘋狂的購物、追星和談不完八卦的通話費上，或許適時補償了心理上的不平衡，卻可能永遠失去出人頭地的機會。在初入社會時大家對都差不多的低廉薪資收入沒有特別的感覺，未幾成家，你將立即發現手頭不再寬裕，間雜著入不敷出的困窘和憂愁；年近中年，當工作場所周遭圍繞的盡是年輕人，和你做著相同的工作，此時方才警覺爲時已晚。

如果你不願重蹈別人的覆轍，當拿到第一份工資時，別興奮得全部花光，別想買樂透一夕致富，別想買基金、股票平白送給股市大戶，多留一些下來投資自己增長本事才眞是萬無一失，一本萬利！

Date ______/______/______

Date ______/______/______

Date ______/______/______

Date ______/______/______

Date _____/_____/_____

家圖書館出版品預行編目資料

破除低薪魔咒：職場新鮮人必知的50個祕密／施耀祖著. --初版--. --臺北市：書泉, 2018.07

面； 公分.

ISBN 978-986-451-134-1（平裝）

1.職場成功法

494.35 107007994

491A

破除低薪魔咒：職場新鮮人必知的50個祕密

作 者 — 施耀祖

發 行 人 — 楊榮川

總 經 理 — 楊士清

主 編 — 侯家嵐

責任編輯 — 黃梓雯

文字編輯 — 魏劭蓉、黃志誠

封面設計 — 姚孝慈

出 版 者 — 書泉出版社

地 址：106台北市大安區和平東路二段339號4樓

電 話：(02)2705-5066 傳 真：(02)2706-6100

網 址：http://www.wunan.com.tw/shu_newbook.as

電子郵件：http://shuchuan@shuchuan.com.tw

劃撥帳號：01303853

戶 名：書泉出版社

總 經 銷：貿騰發賣股份有限公司

電 話：(02)8227-5988 傳 真：(02)8227-5989

地 址：23586新北市中和區中正路880號14樓

網 址：www.namode.com

法律顧問 林勝安律師事務所 林勝安律師

出版日期 2018年7月初版一刷

定 價 新臺幣220元